몸만들기
처방전

다이어트 뇌피셜과 가짜뉴스를 과학으로 깨부수는
의대생들의 신개념 헬스 리터러시

몸만들기 처방전

연세대학교 의과대학 ARMS 지음

박윤길(강남세브란스병원 재활의학과 교수) 감수

플루토

차례

PART 3 몸만들기 실전, 운동의 모든 것

머리말

다이어트를 하겠다는 마음을 먹고 인터넷에서 정보를 찾으면 이렇게 해야 한다, 저렇게 해서는 안 된다 같은 다양한 이야기와 경험담을 보게 된다. 그런데 전문가의 의견, 주변 사람의 경험담, 인터넷 속 정보는 다 맞는 말일까? 막상 따라하려다가도 의심스럽다. 대체 다이어트 정보는 어디서부터 어디까지 믿어야 할까?

건강하고 보기 좋은 몸을 만들기로 결심하고 다이어트를 시작한다. 그럼 헬스장에 들어서면서부터 잠자리에 들기 전까지 우리 몸에서는 수많은 작용이 일어난다. 사람의 몸은 매우 복잡한 생리작용을 거쳐 작동하기 때문이다. 따라서 다이어트를 제대로 하려면 내 몸에 대해 과학적으로 알아야 한다. 과거에는 무조건 굶어서 살을 빼는 단식원 다이어트나 한 가지 음식만 먹는 원푸드 다이어트 등이 유행했다. 이러한 방법은 지속하는 것도 무척 어렵지만, 효과를 보더라도 매번 불청객처럼 찾아오는 요요와 부종이 피나는 노력을 순식간에 물거품으로 만들어버린다. 근육이 바짝 말라붙어 이전보다 살이 더 잘 찌는 체질이 되어버리는 것은 덤이다. 잊지 말자. 다이어트는 몸만들기의 기초공사다. 건강하고 보기 좋은 몸을 얻기 위해 하는 다이어트가 되려 몸을 망가뜨려서는 안 될 일이다.

이렇게 어려운 다이어트가 요즘은 보다 효율적이고 수월해진 부분도 있다. 바로 의학과 과학의 힘을 빌려서 말이다. 그런데 마냥 좋아지기만 한 건 아니다. 각종 다이어트 운동기구와 보조제 등이 넘쳐나면서 이에 따른 부작용도 속출하고 있다. 페이스북, 인스타그램, 유튜브 등 많은 사람이 보는 SNS나 언론매체에는 다이어트에 효과가 좋다는 건강기능식품 광고가 빠지지 않고 등장한다. 대부분 영어와 복잡한 숫자가 섞인 의학 논문을 인용하면서 해당 제품이 몸속의 특정한 물질을 증가시키거나 감소시켜 결론적으로 다이어트에 도움을 준다고 광고한다. 정말 괜찮은지 미심쩍어 상품 리뷰를 찾아보면 너 나 할 것 없이 큰 효과를 보았다고 한다. 더욱이 유명 유튜버들도 강력 추천한다니 자연스레 구매 버튼을 누르게 된다. 하지만 얼마 지나지 않아 내가 산 제품이 허위광고 또는 과대광고로 적발되었다는 기사를 보게 된다.

다이어트 보조제를 포함한 건강기능식품만 해도 시장 규모는 매년 수천억 원씩 증가해 2021년에는 5조 원을 넘어섰다. 기업들의 경쟁이 치열해지면서 번지르르한 광고와 마케팅이 넘쳐난다. 다이어트 보조제는 하나의 예시에 불과하다. 자신이 개발한 운동 방법으로 다이어트를 성공시켜주겠다는 퍼스널 트레이너, 다이어트에 직방이라며 의심스러운 시술을 광고하는 병원까지 이러한 사례들은 아주 쉽게 찾아볼 수 있다.

도대체 왜 이러한 현상이 나타나는 것일까? 근본적인 원인은 소비자들이 건강과 관련된 의학정보의 진위 여부를 판단할 수 없다는 데 있다. 만약 누군가 지하철역 출구에서 10만 원짜리 부적을 팔면서, 이 부적을 사면 당장 오늘부터 지하철 출퇴근 시간이 30분 단축될 것이라고 이야기한다면 그 누구도 속지 않을 것이다. 하지만 유튜브에서 어느 인플루언서가 요즘 먹고 있다는 다이어트 보조제를 소개하면서 보조제에 포함된 물질이 체내 지방을 분해하고, 근육 합성을 유의미하게 증가시켰다는 의학 논문을 인용해 설명하면 믿고 구매하는 사람이 속출할 것이다.

인터넷의 발달과 함께 이제는 비전공자도 의학정보를 손쉽게 얻을 수 있어 정보의 비대칭이 많이 해소된 부분이 있다. 그러나 여전히 온갖 건강 관련 가짜뉴스와 가짜정보가 수익 창출을 위한 도구가 되어 무분별하게 퍼지고, 일반 소비자는 진위 여부를 파악하기가 어렵다. 일반인은 고도로 전문화되면서 빠른 속도로 발전해가는 의학 지식에 접근하기 어렵기 때문이다.

이러한 상황에 심각함을 느낀 연세대학교 의과대학 학생들이 ARMSAnalytical Reporters of Medical Studies를 만들었다. ARMS는 과학적 사실에 근거한 진짜 건강정보를 홍보하고, 사람들이 건강정보를 잘 이해할 수 있는 능력을 길러 더 건강한 삶을 누릴 수 있도록 하는 것을 목표로 세웠다. 이를 위해 SNS에 각종 건강정보를 올리고, 보건복지부에 정책을 제시하는 등 다양한 활동을 해왔다.

이러한 활동을 하면서 ARMS는 그동안 공부하고 쌓아온 정보를 한 권의 책으로 정리해 독자들과 공유하고 싶다는 마음이 생겼다. ARMS 회원 대부분은 운동을 좋아해 꾸준히 하고 있다. 우리 회원들 역시 주변 친구나 언론매체로부터 잘못된 상식을 많이 듣곤 했다. 잘못된 정보가 넘쳐나니 더욱 가만히 있을 수가 없었다. 의학정보는 올바르게 알고만 있다면 무궁무진하게 활용할 수 있다. 특히 인체의 복잡한 생리현상을 응용해서 나의 몸을 건강하게 변화시켜야 하는 다이어트에서는 활용도가 더욱 높다. 《몸만들기 처방전》은 식단은 어떻게 구성해야 하는지, 운동 후 보충제는 언제 먹는 것이 좋은지 등 올바른 몸만들기에 관한 과학적이고 명확한 답을 얻는 데 큰 도움을 줄 것이다.

지금은 건강정보를 읽고 이해하고 활용하는 능력인 '헬스 리터러시'가 필요한 시대이다. 《몸만들기 처방전》은 근거 있고 정확한 의학정보를 활용하여 사람들이 허위 건강정보로부터 스스로 보호할 수 있도록 돕기 위해 쓴 책이기도 하다. 이 책이 명확한 근거도 없이 운동하는 친구가 이렇게 말했다든지, 유명 헬스 유튜버가 이렇게 하라던데 하는 말을 무조건 믿지 말고 몸에 관한 지식을 스스로 직접 찾아보는 계기가 되었으면 한다. 앞으로 누군가 몸만들기에 대해 물어본다면 이 책에서 배운 내용과 방법으로 답해줄 수 있다면 더없이 좋겠다.

《몸만들기 처방전》은 그동안 많은 사람이 궁금해하던 다이어트 속설과 상식에 관한 오해를 정리하고, 잘못 알려진 내용을 바로잡는 책이다. 그 사실을 알리기 위해 과학적 정보를 찾아나가는 과정도 함께 담았다. 사람들이 어떤 방식으로 신뢰성 있는 자료를 찾고, 건강정보를 검증하면 좋을지 그 과정을 따라가며 배워보자. 몸을 만드는 데 이렇게까지 해야 하나 의문이 들 수도 있다. 그러나 잘못된 정보는 거르고 스스로 답을 찾는 습관이 필요하다. 무엇보다 이러한 방법이 오랫동안 올바른 운동과 식단을 통해 건강하고 아름다운 몸을 만들 수 있는 길이기 때문이다. 건강한 몸을 만들기 위한 모든 다이어트는 지속 가능해야 의미가 있다.

읽기 전에 알아두면 도움 되는
몸만들기의 첫 걸음,

헬스 리터러시

가짜정보를 거르는 헬스 리터러시

각 분야가 전문화되면서 어려운 용어나 개념이 포함된 정보, 유명인이 하는 말이면 무조건 맞을 거라고 믿는 경향이 심해지고 있다. 정확한 정보를 알기 힘드니 텔레비전에 나오는 유명인이 하는 말을 그대로 받아들이는 것은 어찌 보면 자연스럽다. 그런데 이런 일들이 반복되어도 괜찮을까?

2020년 코로나바이러스가 전 세계를 강타해 엄청난 수의 확진자와 사망자가 발생했다. 그런데 당시 코로나바이러스보다 우리 사회를 빠른 속도로 전염시켰던 것이 바로 코로나바이러스와 관련된 가짜정보다. 중대한 사회적 위기가 닥쳤을 때 가짜정보는 사람들의 의사결정에 매우 나쁜 영향을 준다. 사람들을 스스로 위험에 빠뜨리는 잘못된 판단을 하게 만들고, 위기 상황에서 현명하게 대처할 수 있는 기회도 빼앗는다. 코로나바이러스에 관한 가짜정보가 빠르게 퍼지자 많은 언론에서 심각한 사회문제로 보도하기도 했다. 이처럼 잘못된 건강정보가 사람들에게 피해를 주었던 사례는 우리 주위에서 쉽게 찾을 수 있다. 항암 치료에 효과가 좋다는 건강기능식품, 연예인이 마시고 온몸의 독소를 모두 뺐다는 해독 주스 광고를 한 번쯤 본 적이 있을 것이다. 심지어 몸에 좋은 물이라며 의학적으로 검증되지도 않은 음이온수나 수소수를 광고한다.

우리는 왜 건강에 관한 가짜정보에 취약할까? 2020년 3월 초, 세브란스병원에서는 자신들의 병원 이름을 앞세운 코로나바이러스 가짜정보를 주의하라고 공식 발표했다. 건강과 의학에 관한 가짜정보의 전형적인 특성을 가진 글이었다.

* 해당 내용은 세브란스병원과 무관합니다. 각종 가짜뉴스와 속설을 맹신하기보다는 마스크 착용과 건강 관리를 부탁드립니다.

세브란스 전임 원장님께 방금 받은 정보 공유드립니다!
신종 코로나바이러스/코로나19는 감염의 증상이 며칠 동안 보이지 않을 수도 있습니다. 그럼 자신이 감염이 되었다는 사실을 어떻게 알겠습니까. 기침과 열과 같은 증상이 보여 병원에 가봤을 때 폐의 50퍼센트는 이미 섬유증입니다. 즉 증상이 나타나고 병원에 가면 늦는다는 것입니다.
대만 전문가들은 매일 아침 스스로 할 수 있는 간단 진료를 제시했습니다. 숨을 깊이 들이쉬고 10초 이상 숨을 참으세요. 기침, 불편함, 답답함 없이 완료하신다면 폐에 섬유증이 없다는 뜻입니다. 즉 감염되지 않았다는 것입니다. 이런 위태로운 상황에서는 좋은 공기에서 매일 아침 자기 진료를 해주세요.
또 일본 의사들은 신종 코로나바이러스를 대할 매우 유용한 충고를 했습니다. 모든 사람은 입과 목을 항상 적시고 절대로 건조하게 두면 안 됩니다. 15분마다 물 한 모금씩 마시는 것이 좋습니다. 바이러스가 입으로 들어가더라도 물 또는 다른 음료를 마시면 바이러스가 식도를 타고 위로 들어가기 때문입니다. 바이러스가 위에 들어가면 위산에 의해 바이러스가 죽게 됩니다. 물을 자주 마시지 않는 경우에는 바이러스가 기관(폐로 통하는 숨길)을 통해 폐로 들어가게 되어 매우 위험해집니다.
이 사실을 가족과 친구들에게 알려주시고 건강하게 이 어려운 시기를 이겨냅시다.

이 가짜정보는 세브란스병원 전임 원장님으로부터 받은 정보라는 말로 시작한다. 또한 전문가라고 할 수 있는 대만과 일본 의사가 말한 정보라면서 신빙성이 높음을 강조한다. 그리고는 숨을 깊이 들이쉰 뒤 10초 이상 숨을 참을 수 있으면 폐에 섬유증이 없는 것이라고 주장한다. 그런데 폐섬유증이 정확히 어떤 질병이며 어느 정도 위험한지 아는 사람이 얼마나 있을까? 사람들이 잘 모르는 의학용어를 이야기하며 정보의 진위를 판단하기 어렵게 만드는 글이다.

마지막에는 바이러스가 입으로 들어가더라도 물이나 음료수를 마시면 바이러스가 식도를 타고 위로 들어가 위산에 죽는다고 한다.

얼핏 들으면 그럴듯하기 때문에 사람들은 이 정보를 의심하기 어려울 것이다. 그 분야에서 권위를 인정받는 사람이 전문적인 내용을 근거로 무언가를 주장한다면, 내용의 진위 여부는 따지기도 어렵거니와 굳이 따지려고 하지 않는다.

의학은 모든 사람이 살아가는 데 반드시 필요한 지식이다. 영양소를 고려해 식사 메뉴를 정하는 일부터 갑자기 아플 때 어떤 병원에 가야 하는지 선택하는 일까지 일상에서 크고 작은 의사결정을 내릴 때 활용된다. 가족이 갑자기 아플 때 활용할 수 있는 학문이 과연 얼마나 될까? 이처럼 의학은 매우 실용적인 학문으로 누구나 간단한 의학정보는 알고 있어야 한다. 반면에 분야는 매우 세분화되어 있고, 각 분야는 매우 전문적이며, 각 분야마다 지식의 양이 많기 때문에 의학의 내용을 온전히 이해하는 것이 쉽지 않다. 그럼에도 전문가의 손에만 맡겨서는 안 될 정도로 가짜정보가 넘쳐나고 있다. 이제는 건강정보 이해 능력인 헬스 리터러시Health Literacy, 즉 '건강정보를 얻고 이해하여 건강과 관련된 선택을 적절하게 내릴 수 있는 역량'을 갖춰야 하는 시대다.

논문, 연구결과, 전문가는 무조건 옳을까

옛날에는 장터에서 약장수들이 차력 쇼를 비롯한 볼거리를 선보이며 소비자들을 현혹했다. 지금은 그런 걸 보다가 약을 사기는커녕 오히려 약을 사는 사람을 보면서 비웃을 것이다. 그런데 조금만 생각해보면 지금도 크게 다르지 않다. 차력 쇼 대신 전문가의 권위나 현학적인 말로 소비자들을 기만한다.

앞에서 살펴보았던 의료인을 사칭하는 수법은 하수다. 요즘은 실제 출판된 논문 또는 연구결과를 인용하거나 전문가의 의견을 인용하곤 한다. 매스컴에서도 논문이나 연구결과 같은 하나의 정보를 팩트라며 마법의 단어처럼 사용한다. 과연 논문, 연구결과, 전문가를 인용하면서 소개하는 정보는 무조건 팩트일까?

유튜브, SNS 등에서 흔히 접하는 건강정보에는 '연구결과에 의해 입증된 내용'이라는 설명이 빠지지 않고 등장한다. 대다수는 연구로 입증된 사실이라고 하니 크게 의심하지 않고 믿는다. 하지만 하나의 주제를 가지고도 연구결과가 서로 다르거나 전문가의 의견이 엇갈려 혼란스러웠던 경험도 종종 있을 것이다. 저탄수 고지방 다이어트의 경우 실제 다이어트 효과가 있는지 없는지를 두고 전문가들이 상반되는 주장을 펼쳐 논란이 되었다.

의학 연구에는 다양한 연구방법론이 존재하고 연구방법이나 해석방법에 따라 결과가 달라지기도 한다. 연구방법론에 따라 연구의 신뢰도까지 달라질 수 있기 때문에 연구결과를 받아들일 때는 그 연구가 어떤 방법으로 진행되었는지를 알아야 한다. 예를 들어 알아보자.

키 크는 약을 판매하는 A 업체가 있다. A 업체는 자사에서 개발한 키 크는 약을 SNS, 블로그 등을 통해 광고하면서 임상시험에서 효과가 입증되었다는 연구결과를 제시하고 있다. 해당 연구에 따르면, 중학교 1학년 남학생 3명에게 이 약을 복용시켰더니 한 사람은 키가 152센티미터에서 9센티미터가 컸고 나머지 두 사람도 각각 10센티미터, 11센티미터가 컸다고 한다(실험1). A 업체는 이를 근거로 다른 사람도 이 약을 복용하면 키가 클 수 있다고 설득하고 있다.

이 사례를 좀 더 이해하기 쉽게 도식화해보자. 교육부에서 발표한 '2019년도 학생 건강검사 표본 통계'에 따르면, 중학교 1학년 학생은 평균적으로 1년에 6.5센티미터가 자란다고 한다. 그런데 앞선 A 업체의 광고에서는 중학교 1학년 남학생 3명이 약을 먹고 1년에 평균 10센티미터가 컸다고 한다. 그럴듯하다. 그런데 눈치챈 독자도 있겠지만, 키 크는 약이 실제 키가 크는 데 효능이 있다고 일반화하기에는 표본 수가 너무 적다.

표본 수를 늘려 이번에는 중학교 1학년 남학생 40명을 대상으로 동일한 실험을 했더니 마찬가지로 1년 동안 40명의 키가 평균적으로 10센티미터가 컸다고 한다(실험2). 조금 더 그럴듯한 결과로 보인다. 하지만 이 실험에는 치명적인 결함이 있다. 바로 비교할 만한 대조군이 없다는 점이다. 40명의 학생이 키 크는 약을 먹지 않았다면 어땠을지 비교할 방법이 없다. 키가 큰 것이 정말 약 때문인지, 아니면 원래 키가 쑥쑥 클 때라거나 유전적으로 키가 클 학생인지 확인할 방법이 없다는 말이다. 부모님의 평균 키가 190센티미터에 육박하는 어느 중학교 농구부 남학생들을 대상으로 실험을 진행했다면 이러한 결과는 당연하다. 또한 대부분의 중학생이 학원에서 밤늦게까지 공부하느라 밥도 제대로 못 먹고 늦은 새벽이 되어서야 잠자리에 드는데, 이 실험에 참여한 학생들은 최고의 영양 상태를 유지하며 숙면을 취해왔어도 좋은 결과를 얻었을 것이다.

마지막으로는 학생들을 두 집단으로 나누어 실험했다(실험3). 가 집단에는 키 크는 약을 복용시키고 나 집단에는 효과가 없는 위약을 복용

실험1

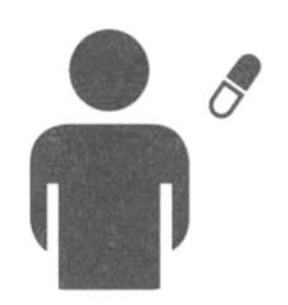

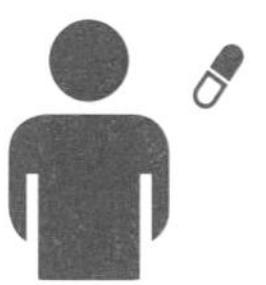

3명의 키 평균 10센티미터 증가

실험2

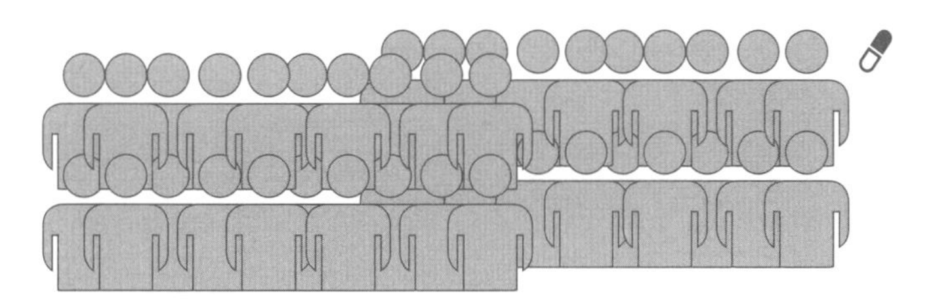

A 업체 약 복용 후 40명의 키 평균 10센티미터 증가

실험3

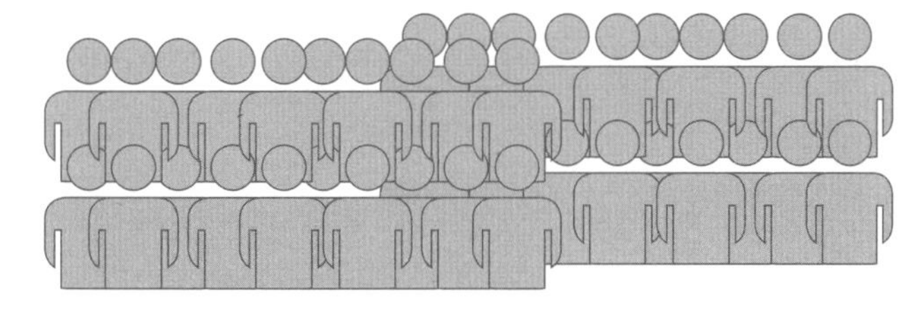

A 업체 약 복용 후 10센티미터 증가

나 집단

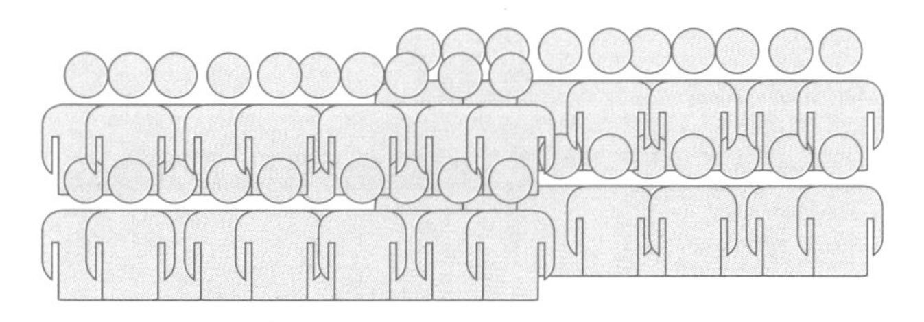

위약 복용 후 7센티미터 증가

시켰다. 그리고 두 집단의 영양 상태, 수면 시간 등 성장과 관계가 있다고 알려진 '모든 조건을 동일'하게 맞추었다. 앞으로 두 집단 사이에 발생할 차이가 '키 크는 약을 복용했기 때문'이라는 결론을 내리기 위해서이다. 하지만 근본적으로 두 집단 간에 차이가 없도록 동일하게 맞출 수 없는 조건이 있다. 사람들 사이의 유전적인 차이와 지금 생활하고 있는 전반적인 환경이다.

그렇다고 방법이 없는 것은 아니다. 이러한 차이마저 최소화하는 방법이 있다. 바로 피험자(실험 참가자)를 무작위로 배치하는 것이다. 쉽게 말해 동전 던지기와 같다. 무작위 배치는 연구결과에 영향을 미칠 수 있는 다른 교란변수를 최소화하기 위해 꼭 필요한 장치다. 이 장치는 향후 두 집단 사이에 발생하게 될 차이가 해당 약을 복용해서 발생한 차이인지 아닌지를 수학적으로 계산할 수 있게 해준다. 그래서 신약 등의 효과를 확인하기 위한 임상시험은 무작위 배치를 포함시켜 설계한다.

무작위 배치 연구결과 키 크는 약을 복용한 집단은 1년 후 10센티미터가 컸지만, 위약을 복용한 집단은 1년 후 7센티미터가 크는 데 그쳤다고 하자. 이제 키 크는 약이 키가 크는 데 효능이 있다는 A 업체의 주장은 훨씬 설득력이 있어 보인다. 하지만 여전히 마음에 걸리는 점이 있다. 이러한 결과가 우연에 의해서 발생했을 가능성도 있고, 혹은 실험을 진행한 연구자의 선입견 등이 연구 진행에 영향을 주었을 수도 있다는 점이다.

이렇듯 실험결과를 온전히 받아들일 수 없다면, 같은 방법으로 진행한 다른 연구들의 결론을 모아 함께 분석해본다. 다음 그래프에서 가로축은 각각 키 크는 약을 복용했을 때와 위약을 복용했을 때 1년간 성

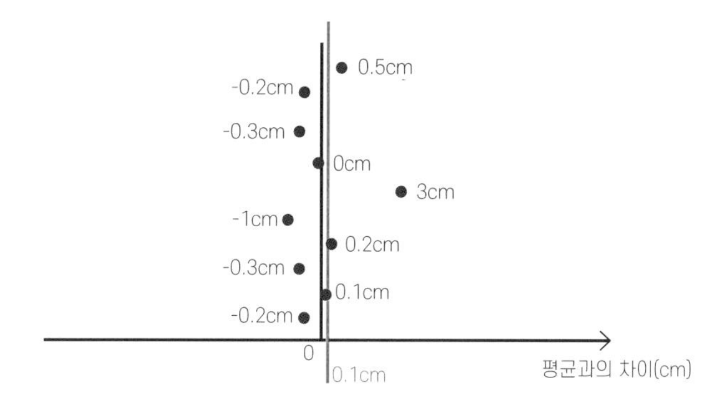

장한 키 평균의 차이를 의미하는데, 앞서 진행한 실험의 경우 그 차이는 3센티미터다. 하지만 다른 연구들까지 함께 분석해보니 실제로 이 약을 복용해도 0.1센티미터밖에 크지 않는 것으로 나타났고, 3센티미터는 지나치게 치우친 결론이라는 것을 확인할 수 있었다.

이러한 결과가 나타난 원인은 여러 가지이다. 피험자를 모집할 때 전체 인구 집단에서 상당히 편향되어 있는 집단을 연구 대상으로 선택하는 선택 편향이 발생했을 수도 있고, 연구자가 연구 진행 자체에 많은 영향을 주었을 수도 있다.

결국 논문이나 연구결과라고 해서 전부 같은 것이 아니다. 의학 연구에는 다양한 연구방법론이 존재하고, 이러한 연구방법론은 근거 수준에 따라 서로 다른 신뢰성을 가진다. 논문, 연구결과, 전문가의 의견을 근거로 제시하는 광고나 정보라도 함정일 수 있다. 근거와 신뢰성이 있는 정보를 가려내기 위해서도 헬스 리터러시가 필요하다.

다양한 연구방법론과 신뢰도

지금까지 'A 업체에서 개발한 약이 실제로 키 성장에 효과가 있다'는 하나의 가설에 대해서도 여러 종류의 연구방법론이 존재할 수 있고, 각각의 연구방법론은 서로 다른 신뢰도를 가진다는 점을 살펴보았다. 앞서 설명한 연구방법은 모두 실제 의학 연구에서 사용하는 방법론이다. 중학생 3명에게 약을 복용시켰던 연구와 40명에게 약을 복용시켰던 연구는 각각 사례연구case study와 사례 일련 연구case-series study에 해당하고, 여러 학생을 무작위로 약을 복용한 집단과 복용하지 않은 집단으로 나누어 차이를 살펴본 연구는 무작위 대조군 연구randomized controlled trials에 해당한다. 또 이러한 연구를 모두 모아 분석한 연구는 메타분석meta-analysis에 해당한다.

근거 중심 의학evidence based medicine은 현대 의학의 중요한 키워드 중 하나이다. 환자의 치료 방법을 결정할 때 의료진 개인의 경험에만 기반하는 것이 아니라 객관적이고 명확한 근거를 통해 밝혀진 방법을 사용해야 하며, 객관적 근거를 채택할 때에도 신뢰도가 더 높은 최선의 근거를 선택해야 한다는 원칙을 담고 있는 용어다. 현재 통용되는 연구방법론을 근거 수준에 따라 분류하고 배치한 근거 피라미드evidence pyramid라는 그림이 있다. 근거 피라미드에서는 아래로 갈수록 근거 수준이 낮다. 다음 그림이 근거 피라미드다. 메타분석을 비롯한 체계적 문헌고찰의 근거 수준이 가장 높고, 그다음이 무작위 대조군 연구, 사례연구와 사례 일련 연구 순으로 되어 있다. 명확한 근거를 함께 제시하지 않은 전문가의 개인적인 의견은 근거 수준이 아주 낮다. 전문가의 말이라면

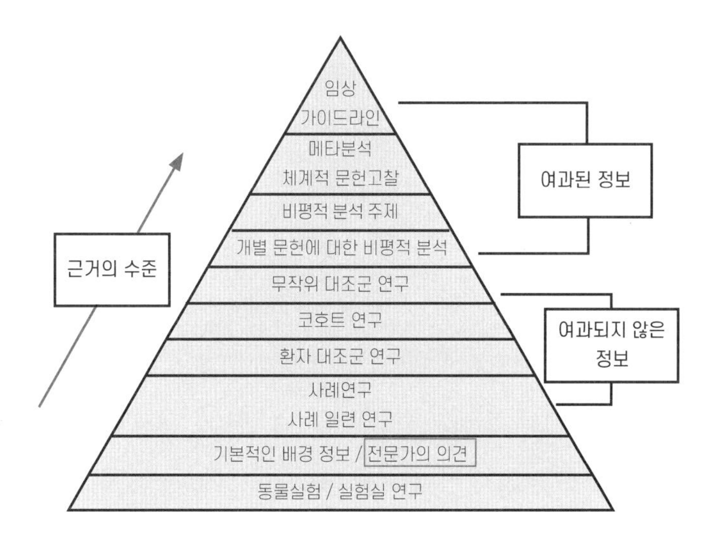

무조건 믿는 것이 얼마나 위험한지 알 수 있다. 전문가만이 아니라 누구라도 다양한 연구방법론을 파악하고, 정보의 신뢰도를 구분하여 높은 신뢰도를 가진 정보만 선택할 수 있어야 한다.

신뢰도가 높은 의학정보를 찾는 법

건강정보를 읽을 때 대개 글쓴이가 연구팀의 이름이나 논문 제목 등을 제시하면 신뢰도가 높다고 판단하기 쉽다. 해당 연구결과의 진위를 따져보거나 해석 방법에 오류가 없는지까지 살펴보는 사람은 거의 없다. 심지어 글쓴이가 의학 전문가가 아니고, 연구결과나 참고논문 등이 건강정보의 신빙성을 높이는 중요한 근거임에도 말이다. 전문 지식에 대한 이해 부족, 논문에 쓰인 언어의 장벽 등 여러 이유가 있지만, 가장 큰 이유는 해당 연구나 논문을 직접 찾아보는 방법 자체를 잘 모르기 때문이다. 지금부터는 누구나 의학 연구와 논문을 직접 찾아볼 수 있는 방법을 알아보고, 이러한 자료를 해석하는 방법을 살펴보자.

인터넷으로 의학 연구와 논문을 찾는 방법은 두 가지이다. '구글Google 학술검색'에서 검색하는 방법과 '펍메드Pubmed'에서 검색하는 방법이 있다. 의학 연구를 검색하는 가장 쉽고 간편한 사이트이며, 논문의 제목이나 연구자의 이름을 알면 이곳에서 원문을 찾아볼 수 있다. 구독을 해야만 읽을 수 있는 논문도 있지만, 무료로 읽을 수 있는 논문도 있다. 특히 펍메드는 미국 국립의학도서관의 의학서지정보 데이터베이스

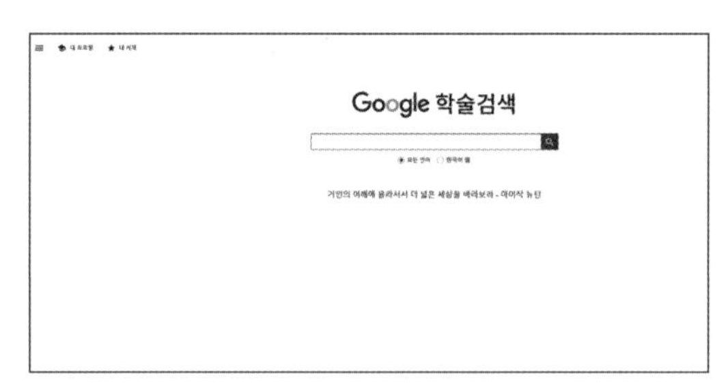

로 의학 연구자라면 모르는 사람이 없을 정도다. 어떤 논문이 펍메드에서 검색되려면 그 논문이 게재된 학술지가 펍메드에서 검색되는 데이터베이스에 수록되어 있어야 한다. 펍메드의 데이터베이스는 까다로운 심사 기준을 통과한 학술지만 등재한다. 연구자의 논문이 게재된 학술지를 신뢰할 만하다는 말은 해당 학술지에서 믿을 만한 방법으로 연구자의 논문을 검토한 뒤 게재를 결정했다는 뜻이다. 따라서 연구자의 논문 역시 최소한의 검증은 되었다고 볼 수 있다. 최소한의 검증조차 되지 않은 논문이 많은 상황에서 펍메드 검색 같은 확인 작업은 매우 중요하다.

의학 연구자가 연구결과를 정리한 논문을 출판하려고 할 때 자신의 논문에 관심을 가질 만한 여러 학술지에 투고하여 논문 게재를 요청

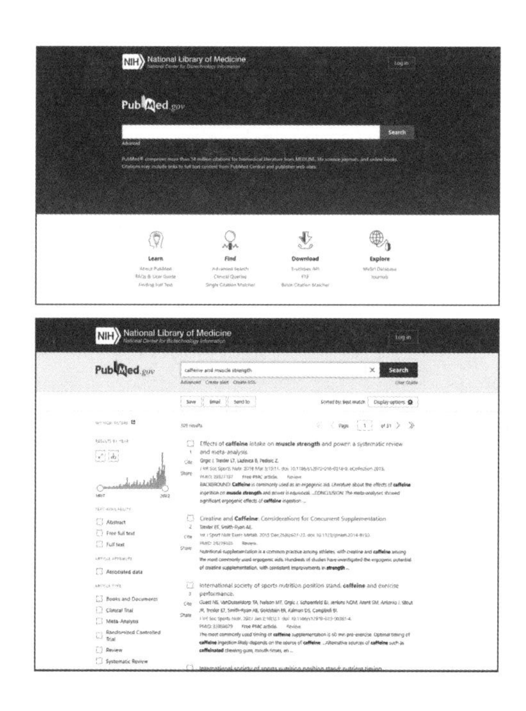

한다. 유명 학술지들은 편집위원의 심의를 통과하기가 매우 어렵고, 심의를 통과해도 동료 연구자에게 검토를 받는 피어 리뷰peer review 과정을 비롯한 복잡한 과정을 거쳐야만 최종적으로 논문 게재가 결정된다. 양질의 논문을 출판하려면 학술지 편집부에서 까다로운 논문 심사 과정을 거칠 수밖에 없다. 따라서 연구자는 많게는 수십 개의 학술지에 투고하는 어렵고 힘든 과정을 거친 뒤에야 논문을 게재할 수 있다. 하지만 이런 노력이 무색하게 논문 게재에 실패하는 경우도 많다.

그런데 흔히 약탈적 학술지predatory journal라고 불리는 학술지들이 있다. 조건 없이 논문을 게재해주는 대신 연구자로부터 게재료를 받는 곳이다. 연구 경력 등 실적이 필요한 연구자는 이러한 학술지에 값비싼 게재료를 지불해서라도 논문 게재를 요청한다. 이처럼 최소한의 심사 과정조차 거치지 않은 논문은 신뢰하기 어려울 뿐만 아니라 연구자의 연구 자체도 믿기 힘들어진다. 이처럼 논문의 신뢰도를 판단할 때 어떤 학술지에 게재되었는지 살펴보는 것은 중요한 판단 근거가 된다. 학술지를 평가할 때는 피인용지수impact factor, IF 등 여러 가지 객관적 지표를 통해 평가할 수 있지만, 절대적인 것은 아니다.

의학 학술지가 익숙하지 않은 사람은 해당 학술지의 SCIEScience Citation Index Expanded 등재 여부를 살펴보는 것만으로도 큰 도움이 된다. SCIE급 학술지는 미국 과학정보연구소Institute for Scientific Information에서 엄정한 심사 기준을 통해서 선별한 학술지를 말한다. 흔히 SCIE급 논문이라고 하는, SCIE에 등재되어 있는 학술지의 논문인지를 확인하는 것만으로도 최소한 약탈적 학술지의 검증이 안 된 논문은 피할 수 있다.

SCIE에 등재되어 있는 학술지인지 찾아보려면 연구 정보 검색 사

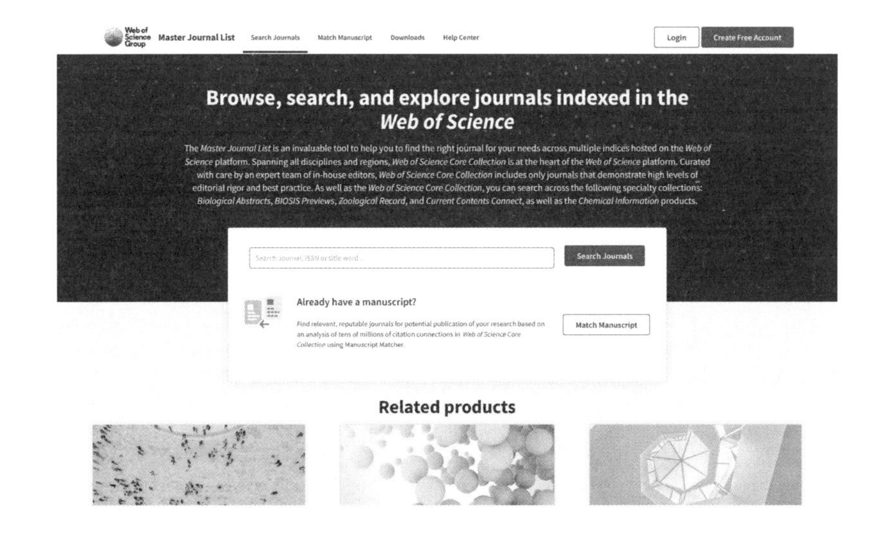

이트인 클래리베이트(https://mjl.clarivate.com)에 해당 학술지의 이름을 검색해보면 된다. 예를 들어 의학계에서 최상위권 학술지로 인정받는 《New England Journal of Medicine》을 클래리베이트에 검색해보면 Web of Science Core Collection이라는 항목 가운데 Science Citation Index Expanded에 등재되어 있다고 나온다. 이를 통해 해당 학술지가 SCIE급 학술지임을 알 수 있다. 다시 말해 찾고자 하는 의학정보가 있을 때에는 펍메드에서 검색하는 것이 좋고, 검색한 논문이 게재된 학술지가 SCIE에 등재되어 있다면 최소한의 검증이 된 논문이라고 판단해도 괜찮다.

논문에서 직접 의학정보를 얻는 법

기사나 인터넷에서 접한 의학정보를 보다가 출처에 나온 논문의 내용을 확인하고 싶은 경우가 있다. 또한 그 주제에 관심이 생겨 더욱 깊이 알아보고 싶은 마음이 들 수도 있다. 다음은 이런 사람을 위해 추천하는 방법이다. 내가 찾은 정보를 신뢰하고, 굳이 더 알고 싶지 않다면 이 과정은 건너뛰어도 된다.

직장인 김상아 씨는 다이어트를 위해 꾸준히 운동하는 중이다. 그런데 며칠 전, 인터넷을 하다가 운동 전에 카페인을 먹는 것이 도움이 된다는 기사를 보게 되었다. 마침 커피를 좋아해 매일 두 잔씩 마시는 상아 씨는 실제로 카페인이 근력에 어떤 영향을 미치는지 궁금해졌다.

상아 씨는 어떻게 하면 더 좋은 정보를 찾을 수 있을까? 우선 펍메드 검색창에 영어로 'caffeine and muscle strength'를 입력하고 검색 버튼을 누른다. 검색 결과가 많이 나올 것이므로 최근 1년 이내에 출판된 논문만 보여주도록 필터를 설정한다. 그럼에도 상당히 많은 논문이 검색될 것이다. 이 경우 모든 논문을 전부 읽어야 할까? 원칙적으로 연구설계를 이해하고 내용이 타당한지 판단하려면 논문 전체를 읽는 게 맞다. 그러나 논문은 짧게는 2~3쪽에서 길게는 20여 쪽에 이르며 방대한 정보가 빼곡하게 적혀 있다. 이러한 논문을 모두 읽기는 불가능하므로 정말 필요한 정보만을 담고 있는 논문을 선택해서 읽어야 한다. 이때 가장 많은 도움을 주는 것이 논문의 제목title과 요약abstract이다.

몇몇 예외를 제외하면 모든 논문에는 제목과 요약이 먼저 나오고, 그 뒤에 본문이 이어진다. 연구자가 자신의 연구를 다른 연구자에게 설명하고 전달하기 위하여 작성한 것이 논문이다. 그만큼 최대한 많은 연구자가 읽도록 하기 위해 가장 먼저 노출되는 논문의 요약은 각별히 신경 써서 작성한다. 또한 구글번역기를 돌려도 거의 정확하게 번역될 정도로 고등학교 수준의 직관적인 언어로 쓰여 있다. 이러한 요약보다 해당 연구의 핵심 내용을 압축해 보여주는 것이 논문의 제목이다. 논문 제목은 연구자가 자신의 연구와 논문 내용을 한 줄로 요약한 것이라고 볼 수 있다. 따라서 논문 제목과 요약만 잘 읽어도 짧은 시간 안에 필요한 정보와 필요하지 않은 정보를 구분해낼 수 있다.

예를 들어 《Caffeine Increases Muscle Performance During a Bench Press Training Session(PMID: 33312286)》이라는 논문을 찾았다고 하자. 영어로 쓰여 있어 당황스럽겠지만 먼저 구글번역기에 요약 부분을 넣어 한글 번역을 살펴본다. 문맥이 이상한 부분은 원문과 비교한다. 이 논문의 요약에 따르면, 벤치프레스 훈련을 할 때 카페인 섭취를 한 집단이 카페인을 섭취하지 않은 집단에 비해 바벨을 미는 속도와 힘 등이 증가했다고 되어 있고, 구체적으로 증가한 수치를 제시하고 있다. 그리고 그 수치 뒤에 p=0.00x라고 쓰여 있다. 여기서 p는 p-value, 즉 유의확률인 'p값'을 뜻한다. 간단히 말해 의학 연구에서 p값이 0.05보다 작다면 통계학적으로 유의미한 차이를 가진 결과라고 해석한다. 이 점만 기억하고 있으면 대부분의 연구를 해석할 수 있다.

위 논문에 나온 연구결과들의 p값을 살펴보니 0.002에서 0.006으로 모두 0.05보다 작았다. 따라서 카페인을 섭취한 집단과 카페인을 섭취하지 않은 집단은 유의미하게 서로 다른 차이를 나타냈다고 볼 수 있다. 두 집단의 다른 조건이 모두 동일하다면 카페인을 섭취하는 경우 벤치프레스 훈련을 할 때 운동 능력이 향상된다고 해석할 수 있다. 반대로 p값이 0.05보다 크다면 카페인을 섭취한 집단이 섭취하지 않은 집단보다 평균적으로 바벨을 미는 속도와 힘 등이 증가했다고 하더라도 그 차이가 유의미하다고 볼 수 없다. 카페인을 섭취하는 것이 벤치프레스 운동에 도움이 된다고 말할 수 있는 근거가 부족하다는 뜻이다.

위 논문은 카페인 섭취를 한 집단과 섭취하지 않은 집단에서 운동 능력을 평가할 수 있는 여러 지표를 비교하여 분석했다. 그 결과 p값이 0.05 미만으로 두 집단 사이에 유의미한 차이가 있다고 볼 수 있기 때문에 카페인 섭취가 벤치프레스 훈련에서 운동 능력을 향상시키는 데 도움이 된다고 주장하고 있다.

이처럼 논문의 요약만으로도 해당 논문의 핵심 내용을 대부분 파악할 수 있다. 해당 연구의 세부 진행 과정, 이러한 결과가 나타난 이유, 연구의 한계나 의의에 대해서 해당 연구자의 해석이 더 궁금하다면 본문을 읽어보면 된다.

가짜정보를 피하는 좋은 습관

의학을 공부하지 않은 사람이 의학 연구를 해석하고 논문을 직접 검색해서 읽는 일은 당연히 어렵다. 더욱이 논문은 생소한 개념과 내용이 많아 어렵다고 느낄 수 있다. 최소한의 검증을 거친 논문과 연구결과를 고르는 방법이 있다는 사실만 알아도 된다. 이 사실만 알면 가짜정보에 휘둘리지 않고 필요한 정보를 찾을 수 있다. 한 번쯤은 평소 관심 있는 주제의 건강정보 글을 읽은 뒤 앞에서 설명한 대로 해보기를 권한다. 앞으로도 정확한 의학정보를 찾는 데 많은 도움이 될 것이다. 모든 건강정보를 이러한 방법으로 판별해내기 어렵다면, 가짜정보를 피하기 위한

다음과 같은 최소한의 습관은 길러두면 좋다. 일상에서 헬스 리터러시를 키우고 실천하는 습관이기도 하다.

1 정보를 찾을 때는 반드시 출처를 확인하여 글쓴이가 누구인지 확인한다. 또 글쓴이가 인용한 핵심 근거는 글쓴이에 따라 조작이나 허위 사실이 포함되어 있을 수 있으므로 해당 원문을 직접 찾아보자.
2 전문가의 의견은 결코 절대적이지 않으며, 전문가에 따라 의견이 반대일 수도 있다. 근거 수준이 가장 하위의 근거 수준에 해당하고, 어떤 정보를 믿어야 할지 모르겠다면 그나마 전문가의 의견을 따르는 것이 낫다.
3 펍메드 사이트에서 직접 신뢰도가 높은 정보를 가려내어 선택하는 방법이 가장 좋다.

PART 1

몸만들기 기초,

잘못된 건강 상식 깨부수기

1 살을 빼려면 무조건 적게 먹어야 할까?

몸을 만들기 위한 다이어트는 하루 섭취 열량보다 소모 열량이 많은 '열량 결손'이 필요하다. 그러나 무조건 굶어서는 안 된다. 열량 결손이 생기려면 배고픔을 줄이고 포만감을 높이는 것이 중요하다. 천천히 먹는 습관을 들이고, 포만감 지수가 높은 단백질 식품을 섭취한다. 더불어 나의 활동대사량을 파악한 후 점차 섭취 열량을 줄여나간다. 다만 같은 열량을 여러 번 나누어서 섭취하는 습관이 특별히 체중 감량에 유리하지는 않다.

다이어트를 하는 대다수가 가장 많이 가지고 있는 잘못된 지식이 '다이어트=굶는 것'이라는 오해다. 물론 우리 몸의 체중을 감량하는 원리는 하루 섭취 열량이 하루 소모 열량보다 적어서 발생하는 열량 결손이다. 따라서 섭취 열량을 소모 열량보다 꾸준히 적게 유지할 수만 있다면 체중은 자연스레 줄어들 것이다. 하지만 이 설명은 마치 전교 1등을 하기 위해 공부를 열심히 하면 된다거나 금연에 성공하기 위해 담배를 피지 않으면 된다고 하는 것과 비슷한 이야기이다.

다이어트, 즉 섭취 열량을 소모 열량보다 꾸준히 적게 유지하는 것이 실패하는 이유를 개인의 의지 박약 탓으로 돌린다면 문제가 생길 경우 개선점을 찾기가 어렵다. 만약 웨이트 트레이닝을 하는데 자신이 원하는 무게를 들 수 없다고 근력 부족만을 탓하며 억지로 그 무게를 유지하면 부상을 입기 쉽다. 더 좋은 방법은 융통성 있게 무게를 조금 줄이고 다시 시도해보는 것이다. 그러면 시간이 지날수록 자연스레 근력도 조금씩 늘고 점차 원하는 무게를 들 수 있다. 다이어트에 성공하려면 무작정 열량 결손만을 목표로 삼는 것이 아니라 좀 더 쉽고 꾸준하게 열량 결손을 발생시키는 방법을 알아야 한다. 따라서 열량 결손이 생기는 다이어트 식단, 이 식단을 오래 유지하는 법, 아울러 포만감이 큰 다이어트 식단을 알아두는 것이 필요하다.

배고픔은 다이어트 최대의 적

다이어트에서 가장 어려운 점은 배고픈데도 애써 배고픔을 참아야 한다는 것이다. 그래서 배고픔은 다이어트를 망치는 주범이기도 하다. 텅 빈 듯한 위장을 견디는 것만큼 힘든 일도 없기 때문이다. 이렇듯 공복감에 시달릴 때 같은 열량을 섭취해도 음식의 구성 성분에 따라 포만감이 다르다는 점을 알고 있다면, 식후 포만감을 조절해 다이어트에 성공할 수 있다.

우리가 섭취하는 영양소 중 가장 쉽게 포만감을 주는 성분은 단백질이다. 단백질이 많이 함유된 식품은 동일한 열량을 가진 지방이나 탄수화물보다 쉽게 포만감을 준다고 알려져 있다. 어떤 실험에서 실험 쥐에게 각각 다른 비율의 단백질과 탄수화물로 구성된 먹이를 12주 동안 마음껏 먹도록 했다. 그 결과 단백질 비율이 낮은 먹이를 먹은 쥐들이 평균적으로 더욱 많은 열량을 섭취했으며, 단백질이 동일한 열량의 탄수화물에 비해 식욕 조절을 도와주는 효과가 있다는 사실을 알 수 있었다. 단백질이 다른 영양소에 비해 쉽게 포만감을 주는 이유는 내분비적인 메커니즘이 작용하기 때문이다. 즉 단백질을 구성하는 아미노산 중 하나인 류신이 몸의 특정 신호전달과정을 자극하여 뇌 시상하부에서 열량 섭취량을 조절하는 데 영향을 주는 것이다.

그렇다면 저탄수 고지방 식단을 유지하는 케토제닉ketogenic 다이어트 식단은 어떨까? 탄수화물 섭취량은 대폭 줄이고 지방을 많이 섭취하는 다이어트 식단으로 많은 사람의 관심을 받고 있다. 저탄수 고지방 식단이 체중 감량에 미치는 영향에 대해서는 다양한 주장이 있지만, 따로 열량 계산을 하지 않는다면 저지방 식단이 체중 감량을 돕는다는 주장이 우세한 편이다.

지방은 9킬로칼로리의 열량을 가지고 있어 1그램당 4킬로칼로리인 탄수화물이나 단백질보다 열량 밀도가 높다. 같은 열량이라도 지방이 많은 음식은 다른 음식보다 양이 적기 때문에 포만감이 적을 수밖에 없다. 따라서 따로 열량 계산을 하지 않고 마음껏 먹게 하면 저지방 고탄수 식단에 비해 열량을 더 많이 섭취하게 된다는 연구결과도 있다. 다시 말해 고지방 식품으로만 배를 채우려다 보면 하루에 필요한 열량을 초과 섭취하게 될 위험이 높아진다. 총 섭취 열량이 같다면 지방과 탄수화물의 비율은 큰 상관이 없기 때문에 포만감을 고려하면서 식단을 정하는 것이 좋다. 저탄수 고지방 식단으로 체중을 감량하는 경우도 있다고 알려져 있지만, 그러려면 인슐린 분비가 제한될 정도로 엄격하게 탄수화물 섭취를 조절해야 한다.

다이어트를 할 때 즐겨 먹는 과일은 어떨까? 과일은 무게당 열량이 낮은 편이다. 과일의 열량 대부분은 과당에서 나오고, 혈당을 올리는 것은 과당이 아닌 포도당이기 때문에 과당을 많이 섭취한다고 해서 혈당이 높아지는 것은 아니다. 뇌에서 포만감을 느끼려면 혈당이 높아져야 하기 때문이다. 과일은 양을 정하고 먹지 않으면 포만감을 느낄 때까지 섭취할 위험이 있다.

지금까지의 내용을 종합해보면 다이어트를 할 때 포만감에 중점을 둔다면 단백질이 풍부한 음식으로 식단을 구성하는 것이 현명한 방법이다.

단백질 위주의 식단 말고도 포만감을 높이는 간단한 습관이 있다. 바로 천천히 먹는 것이다. 음식을 천천히 먹으면 음식물이 입속에 머무르는 시간이 늘어나는데, 이와 같은 구강 감각을 자극하는 시간이 식욕 조절과 관련 있다는 연구결과가 있다. 천천히 먹는 행위가 음식에 대한 일화기억episode memory(어떤 상황을 겪음으로써 가지는 장기기억)을 증가시켜 다음 식사를 적게 하도록 하는 것이다. 또한 천천히 먹는 것이 식욕 억제나 포만감과 관련된 펩티드 YYpeptide YY, 글루카곤양 펩티드-1glucagon-like peptide-1, GLP-1 등의 호르몬 분비를 촉진한다는 연구결과도 있다. 음식물을 액상 형태로 섭취하면 동일한 열량을 섭취하더라도 포만감이 줄어드는 이유가 이 때문이다.

다이어트의 시작, 나의 활동대사량 알기

다이어트를 시작했다면 우선 하루에 몇 킬로칼로리를 섭취하고, 몇 킬로칼로리를 소모할지부터 결정해야 한다. 체지방 1킬로그램을 태우기 위해서는 약 8,000킬로칼로리의 열량 결손이 있어야 한다. 하지만 이는 순전히 체지방만 감소했을 때의 기준이다. 다이어트 초반에는 체지방보다 체내 근육이나 간 속에 저장되어 있는 탄수화물인 글리코겐과 수분 위주로 빠지므로 체중 1킬로그램을 감량하는 데 8,000킬로칼로리의 열량 결손까지는 필요 없을 수도 있다. 반면 오랜 다이어트로 대사량이 줄어든 상태에서 8,000킬로칼로리의 열량 결손을 발생시키려면 예전보다 식사량을 더 줄여야 할 수도 있다.

다이어트에 필요한 열량 결손을 발생시키려면 자신의 활동대사량을 파악한 뒤 점진적으로 섭취 열량을 줄여나간다. 활동대사량은 본인의 체중을 유지하기 위해 필요한 열량이다. 아무것도 하지 않고 누워만 있어도 소모하는 기초대사량, 식사 후 소화 과정에서 소모하는 열량(식사성 발열 효과), 신체 활동으로 소모하는 열량을 합친 것이다.

그럼 나의 활동대사량은 어떻게 파악할 수 있을까? 활동대사량을 파악하는 가장 정확한 방법은 2주 동안 섭취한 식사량을 기록하면서 체중 변화를 확인하는 것이다. 체중이 일정하게 유지된다면 2주 동안 섭취한 총열량을 14일로 나눈 열량이 하루 활동대사량이다. 물론 인바디 같은 기기를 이용하여 대략적으로 활동대사량을 파악하는 방법도 있다.

자신의 활동대사량을 알아낸 후에는 체중 감량 목표에 맞춰 열량 결손을 발생시키면 된다. 만약 일주일 동안 0.5킬로그램을 감량하는 게 목표라면 하루에 약 500~600킬로칼로리 정도의 열량 결손을 발생시키면 되고, 이 정도 열량 결손에 맞춰 하루 섭취 열량을 줄이고 활동대사량은 늘린다. 그리고 체중을 감량할 때는 근력운동을 함께하면 좋다. 근력운동 자체가 활동대사량을 증가시키고, 근육의 부피가 클수록 기초대사량이 증가하여 체중 감량에 유리해지기 때문이다.

간혹 사람들이 평상시보다 열량을 많이 섭취하면 체지방 합성만 일어나고, 적게 먹으면 체지방 분해만 일어난다고 오해하는 경우가 있다. 그러나 우리 몸속에서는 지금 이 순간에도 상당히 많은 양의 체지방 합성과 분해가 동시에 일어나고 있다. 체지방뿐 아니라 근육, 피부, 혈관 등 우리 몸의 모든 구성 성분도 마찬가지이다. 뱃살은 겉으로 보면 가만히 있는 살덩어리처럼 보이지만, 그 안에 있는 다양한 종류의 세포에서 수많은 대사과정이 끊임없이 힘겨루기를 하고 있다. 단지 이 과정이 전체적으로 평형을 이루고 있어 변화가 없는 것처럼 보이는 것이며, 음식 섭취량이 변하면 한쪽이 우세해져 전반적으로 체지방량이 변하는 것이다.

다이어트의 승자를 만드는 단백질

활동대사량은 기초대사량과 식사성 발열 효과, 신체 활동으로 소모하는 열량의 합이라고 설명했다. 여기서 식사성 발열 효과는 음식을 소화하는 과정에서 몸이 사용하는 열량을 말한다. 이 과정에서 소모하는 열량은 음식의 구성 성분에 따라 다르다. 단백질은 식사성 발열 효과가 탄수화물과 지방에 비해 매우 높다. 연구에 따르면, 단백질을 소화하는 데 전체 열량의 25~30퍼센트 정도를 소모한다. 단백질 100킬로칼로리를 섭취하면 이를 소화하는 데 25~30킬로칼로리의 열량이 소모되는 것이다. 반면 탄수화물과 지방은 5~15퍼센트의 열량만 필요하다. 따라서 다이어트 식단을 구성할 때 단백질 함량을 높이면 활동대사량까지 어느 정도 높일 수 있다. 그렇다고 해도 식사성 발열 효과는 사실 중요한 변수라 보기는 어려우므로 참고용으로만 알아두면 된다.

단백질 섭취가 중요한 이유는 앞서 설명한 포만감 말고도 근육량의 보존과 증가에도 큰 도움을 주기 때문이다. 한 연구결과에 따르면, 다이어트를 할 때 하루에 체중 1킬로그램당 1.27그램의 단백질을 섭취한 경우 일반적인 하루 단백질 권장 섭취량인 체중 1킬로그램당 0.74그램을 섭취한 경우보다 제지방량이 유지되는 정도가 유의미하게 높다고 한다. 이러한 제지방량 유지 효과는 실험 기간이 길어질수록 두드러졌다. 제지방은 체중에서 지방을 제외한 수분, 근육의 단백질, 당질, 뼈를 말한다. 건강한 성인은 체내의 총단백질량이 항상 일정하다. 이를 질소 평형이 0이라고 한다. 그러나 다이어트를 하면서 열량을 제한하면 질소 평형이 깨지면서 마이너스가 되고, 이는 곧 체내 단백질량과 제지방량이 줄어듦을 뜻한다. 장기간 이런 상태라면 결코 건강하다고 할 수 없다. 이때 단백질 섭취량을 늘리면 근육량을 보존하거나 증가시키는 데 큰 도움이 된다. 또한 근육 생성에 중요한 역할을 하는 류신 아미노산의 혈중농도가 증가하면서 근육량의 보존과 합성, 지방의 산화를 촉진한다. 근육량이 많아지면 소모하는 열량 역시 많아지므로 활동대사량이 증가하여 다이어트에 유리하다.

결론적으로 다이어트를 할 때 적절한 양의 단백질을 섭취하는 것은 포만감을 관리하고 근육량과 직결된 제지방량을 유지하는 데 큰 도움이 된다. 일반 성인은 하루 단백질 권장 섭취량이 체중 1킬로그램당 0.8그램이지만 다이어트를 하고 있는 사람, 근육 성장이나 근력 증가가 필요한 사람은 체중 1킬로그램당 1.0~1.8그램 정도를 권장한다. 건강에 이상이 없다면 장기적으로는 체중 1킬로그램당 2그램까지도 문제가 없다고 한다.

포만감 지수를 따져보자

단백질이 포만감을 높이는 데 큰 역할을 한다고 설명했지만, 포만감이 높은 식단을 구성할 때 단백질 섭취량만 고려하는 것은 아니다. 다양한 음식의 포만감 지수satiety index도 고려한다. 포만감 지수는 어떤 음식을 섭취했을 때 그 음식이 주는 포만감을 수치화해 나타낸 것이다. 다이어트를 할 때는 같은 열량이어도 포만감이 높은 음식을 섭취하는 것이 도움이 된다.

다음 표는 실험을 통해 측정한 각 음식의 단위무게당 포만감 지수를 보여준다. 감자의 포만감 지수가 가장 높은데, 동일한 열량의 여러 음식 가운데 감자가 가장 포만감이 높다는 의미이다. 포만감을 느끼는 데는 음식의 총무게가 중요하지만 음식의 탄수화물량, 식후 혈중 포도당과 인슐린 상승 속도 등을 비롯한 여러 요소의 영향을 받는다. 이러한 요소들의 수치가 높을수록 식후 포만감이 더 크게 느껴진다. 샐러드를

	음식	포만감 지수		음식	포만감 지수
1	삶은 감자	323%	19	크래커	127%
2	링피쉬	225%	20	쿠키	120%
3	죽/오트밀	209%	21	파스타	119%
4	오렌지	202%	22	바나나	118%
5	사과	197%	23	젤리빈	118%
6	통곡물 파스타	188%	24	콘푸로스트 시리얼	118%
7	소고기	176%	25	스페셜 K 시리얼	116%
8	구운 콩	168%	26	감자튀김	116%
9	포도	162%	27	흰빵(포만감 지수 기준)	100%
10	통곡물빵	157%	28	뮤즐리	100%
11	곡물빵	154%	29	아이스크림	96%
12	팝콘	154%	30	감자칩	91%
13	달걀	150%	31	요구르트	88%
14	치즈	146%	32	땅콩	84%
15	백미	138%	35	MARS 초콜릿바	70%
16	렌틸콩	133%	34	도넛	68%
17	현미	132%	35	케이크	65%
18	HoneySamacks 시리얼	132%	36	크루아상	47%

많이 섭취하면 음식의 총무게는 높지만 샐러드만으로는 포만감에 큰 영향을 미칠 정도의 탄수화물을 섭취하기 어렵다. 샐러드를 많이 먹는다고 포만감이 높아지진 않는다는 말이다.

다이어트 상식 가운데 꼭 짚고 넘어가야 할 것이 있다. 다이어트를 할 때 식사를 하루에 세 끼 이상 여러 번 나누어서 해야 한다고 믿는 사람이 많다. 하루에 여러 번 나누어 먹는 방법은 콜레스테롤 수치와 혈당을 관리하는 데 도움이 되지만, 체중 감량에 특별히 유리한 것은 아니라는 연구결과가 매우 많다. 그뿐만 아니라 신진대사량이 높아지는 효과도 미미하다고 한다.

다이어트는 어렵다. 인류가 열량을 과잉 섭취함으로써 비만이 문제된 지는 그리 오래되지 않았으며, 오랜 기간 동안 사람의 몸은 기아에 대비해 잉여 영양분을 체지방으로 저장하도록 발달해왔기 때문에 더욱 그렇다. 체중을 줄이려면 식습관에 혹독한 변화를 줘야 한다. 그렇다고 해서 무작정 식사량을 줄이기만 하면 대사량은 떨어지고 요요로 이어져 다이어트는 실패하고 말 것이다. 이를 방지하기 위해서는 과학에 근거한 똑똑한 식단과 식사 습관을 유지하고, 적절한 근력운동을 병행해야 한다. 얼핏 뻔해 보일 수도 있지만 지치지 않고 오래 이어갈 수 있는 방법은 이 방법뿐이다.

2 밤늦게 먹으면 살이 더 찔까?

단순히 밤늦은 시간에 먹기 때문에 살이 찌는 것이 아니다. 실제 연구결과 식사 시간은 비만이나 과체중과 별다른 연관성이 없다. 밤늦게 먹어서 살이 쪘다면 야식에서 선택할 수 있는 음식 종류가 주로 고열량 고지방 음식이기 때문일 것이다. 또한 일상에서 받는 스트레스나 불안감 같은 부정적인 심리가 고열량 음식을 더 먹게 만들기 때문이다. 결국 밤늦게 먹는 음식 때문에 하루 총 섭취 열량이 많아져 살이 찐다.

6시 이후에는 금식, 저녁을 굶어야 살이 빠진다, 오후 8시 이후에 먹은 음식은 다 살로 간다라는 말은 다이어트를 하는 사람들에게 철칙과 같다. 그런데 정말 밤에 음식을 먹으면 살이 더 찔까?

밤에 먹으면 살이 더 찐다는 생각은 동물 연구에서 비롯되었다. 하루 중 특정 시간에 섭취한 열량이 다르게 쓰일 수도 있지 않을까 하는 동물의 생물학적 시스템에 기반한 생각이다. 실제로 여러 동물 연구를 보면, 생체리듬에 반하여 밤에 음식을 먹는 쥐는 낮에만 먹는 쥐보다 같은 양을 먹어도 살이 더 많이 찐다는 연구결과가 있다. 그러나 사람의 몸에서 특정 시간에 열량 활용도가 달라진다는 근거는 별로 없다.

사람도 시간별로 열량 활용도가 다를까

2016년 영국의 재닌 콜서드Janine D. Coulthard는 심각한 사회문제였던 아동 비만 예방을 위해 식사 시간이 아동의 체중과 비만에 영향을 주는지 조사했다. 아동은 성인에 비해 사회 활동으로 인한 고열량 음식에 대한 욕구나 선택권 등의 변수로부터 비교적 자유롭기 때문에 보다 객관적인 정보를 얻을 수 있다는 장점이 있다.

이 조사에서는 4~10세 아동 768명, 11~18세 아동 852명을 대상으로 저녁 식사를 8시 이전에 한 경우와 8시 이후에 한 경우로 나누어 분석했다. 4년간 아동들이 쓴 식사 일기를 분석한 결과, 저녁 8시와 저녁 10시 사이에 식사를 한 아동들을 낮 12시와 저녁 8시 사이에 식사를 한 아동들과 비교해보니 열량 요구량 대비 총 섭취 열량에 유의미한 차이가 없었다. 또한 과체중(전체 또래 인구 중 BMI 상위 15퍼센트)이나 비만(전체 또래 인구 중 BMI 상위 5퍼센트) 아동들의 비율에서도 식사 시간의 영향은 발견할 수 없었다.

다음 표는 일일 평균 필요량estimated average requirement, EAR 대비 영양소별 열량 섭취량이다. 평균 필요량은 건강한 사람 중 절반 이상에 해당하는 사람을 충족시킬 수 있는 열량이다. 총 섭취 열량을 보면, 4~10세

	남아(396명)					여아(372명)					전체(768명)				
	8시 이전 식사		8시 이후 식사			8시 이전 식사		8시 이후 식사			8시 이전 식사		8시 이후 식사		
	평균	표준편차	평균	표준편차	p값	평균	표준편차	평균	표준편차	p값	평균	표준편차	평균	표준편차	p값
4~10세		→					→					→			
총에너지 섭취량(% EAR)	95.3	18.8	80.8	17.5	0.023	96.2	20.8	107.4	31.4	0.040	95.7	19.8	97.8	29.8	0.610
단백질 (% FE)	14.5	2.3	17.4	4.9	0.002	14.4	2.2	13.7	2.5	0.174	14.5	2.2	15.0	3.9	0.494
탄수화물 (% FE)	52.2	4.9	50.4	4.1	0.283	51.9	4.7	52.1	6.6	0.919	52.1	4.8	51.5	5.8	0.541

	남아(427명)					여아(425명)					전체(852명)				
	8시 이전 식사		8시 이후 식사			8시 이전 식사		8시 이후 식사			8시 이전 식사		8시 이후 식사		
	평균	표준편차	평균	표준편차	p값	평균	표준편차	평균	표준편차	p값	평균	표준편차	평균	표준편차	p값
11~18세		→					→					→			
총에너지 섭취량(% EAR)	76.0	20.8	71.3	19.9	0.175	68.9	18.2	70.6	20.9	0.529	72.5	19.9	70.9	20.4	0.459
단백질 (% FE)	15.3	3.1	15.5	3.0	0.621	14.7	2.9	15.4	3.8	0.210	15.0	3.0	15.4	3.5	0.255
탄수화물 (% FE)	51.0	5.4	49.8	5.8	0.172	51.3	55	49.0	7.0	0.006	51.1	5.4	49.3	6.5	0.003

에서 8시 이전에 저녁을 먹은 집단은 평균 필요량 대비 95.7퍼센트를 섭취했고, 8시 이후에 저녁을 먹은 집단은 97.8퍼센트를 섭취했다. 하지만 p값이 0.610으로 0.05보다 높으므로 통계적으로 유의미한 차이가 없음을 알 수 있다. 11~18세에서도 8시 이전에 저녁을 먹은 집단은 72.5퍼센트, 8시 이후에 저녁을 먹은 집단은 70.9퍼센트이며 p값이 0.459로 통계적으로 유의미한 차이가 없다. 결국 아동의 경우 식사 시간이 과식과 유의미한 연관성이 없다는 뜻이다.

	4~10세						11~18세					
	남아(396명)		여아(372명)		전체(768명)		남아(427명)		여아(425명)		전체(852명)	
	오즈비	95% 신뢰 구간	오즈비	95% 신뢰 구간	오즈비	95% 신뢰 구간	오즈비	95% 신뢰 구간	오즈비	95% 신뢰 구간	오즈비	95% 신뢰 구간
과체중	1.64	0.37, 7.26	1.11	0.34, 3.50	1.33	0.53, 3.33	1.02	0.48, 2.18	0.71	0.35, 1.42	0.83	0.50, 1.38
비만	1.97	0.37, 10.62	1.26	0.32, 5.01	1.43	0.49, 4.13	0.43	0.13, 1.45	0.56	0.22, 1.38	0.50	0.24, 1.02

위의 표는 4~10세와 11~18세에서 8시 이전에 저녁을 먹는 집단에서 과체중 또는 비만이 발생할 상대적 비율에 비해 8시 이후에 저녁을 먹은 집단에서 과체중 또는 비만이 발생할 상대적 비율이 얼마나 높은지에 대한 오즈비odds ratio, OR 정보이다. 오즈는 어떤 사건이 일어날 가능성이나 확률을 뜻하며, 오즈비는 위험 요인에 대한 노출 여부에 따라서 사례 환자가 나올 오즈의 비를 뜻한다. 오즈비가 1이면 위험 요인에 노출된다고 해서 질병 발생에 유의미한 영향을 준다고 볼 수 없다. 그러나 오즈비가 1보다 크면 위험 요인에 노출되었을 때 질병이 발생할 가능성이 몇 배나 더 높다. 따라서 오즈비가 통계적으로 유의미하게 1 이상 높다면 8시 이후에 저녁을 먹은 집단이 과체중이나 비만을 가지고 있을 가능성이 높다. 통계적으로 유의미한지는 95퍼센트 신뢰구간이 1에 걸쳐져 있지 않음을 확인하면 된다. 4~10세에서는 과체중의 오즈비가 1.33(95퍼센트 신뢰구간 0.53~3.33)으로 1보다 높았지만 95퍼센트 신뢰구간에 1이 포함되어 있어 통계적으로 유의미하지 않았으며, 비만의 오즈비 1.43(95퍼센트 신뢰구간 0.49~4.13) 또한 통계적으로 유의미하지 않았다.

11~18세에서도 오즈비가 유의미하지 않음을 확인할 수 있다. 결국 아동의 식사 시간은 비만이나 과체중과 유의미한 연관성이 없다는 뜻이다.

식사 시간이 체중에 영향을 주는 진짜 이유

식사 시간은 체중과 관련 없다는 연구결과가 있지만, 야식을 자주 먹었더니 체중이 늘어났다는 이야기는 흔히 듣는다. 실제로 경험한 독자도 있을 것이다. 도대체 무엇이 진실일까? 이 질문에 답하려면 식사 시간보다 먼저 고려해야 할 점이 있다. 하루 총 섭취 열량이다.

같은 직장에 근무하는 김철수 씨와 김상아 씨가 있다. 철수 씨는 아침에 조금 더 자는 것을 선택하고, 아침밥을 먹지 않은 채 허겁지겁 출근길에 오른다. 점심은 각종 회의와 업무 때문에 에그마요 샌드위치 하나(480킬로칼로리)로 때웠다. 그런데 저녁이 되자 부장님이 회식을 쏘겠다고 한다. 철수 씨는 저녁 8시부터 고열량 음식인 삼겹살 250그램(1,160킬로칼로리)과 공깃밥(310킬로칼로리), 된장찌개(180킬로칼로리)를 먹었다. 그나마 살을 빼는 중이라 양심상 소주는 마시지 않았다. 철수 씨는 저녁 한 끼로 1,650킬로칼로리를 마음껏 먹었다. 철수 씨가 하루에 섭취한 총 열량은 약 2,130킬로칼로리이다.

아침 일찍 일어난 상아 씨는 다이어트 때문에 어젯밤에 참고 남겨 두었던 치즈케이크 두 조각(530킬로칼로리)과 블랙밀크티 한 잔(370킬로칼로리)을 먹었다. 여유롭게 출근해 정신없이 회의와 업무를 하다가 점심으로 집에서 싸온 군고구마 2개(300킬로칼로리)와 아몬드 10개(70킬로칼로리), 단백질 보충제(200킬로칼로리)를 먹는다. 어느새 시간이 훌쩍 지나 퇴근 시간이 되었다. 상아 씨는 곧장 집으로 향한다. 집에 도착하니 슬슬 배가 고파져 참치김밥 한 줄(500킬로칼로리)과 닭가슴살 한 팩(160킬로칼로리)을 먹고 취미 활동을 즐기다 하루를 마무리한다. 상아 씨가 하루에 섭취한 총열량은 약 2,130킬로칼로리이다.

철수 씨와 상아 씨 둘 다 활동량이 비슷하고 평균 체형이라고 할 때 누가 더 살이 찔까? 남성 평균 일일대사량을 2,400킬로칼로리, 여성 평균 일일대사량을 2,000킬로칼로리로 계산해보자. 저녁에 삼겹살을 먹은 철수 씨의 하루 총 섭취 열량은 2,400킬로칼로리보다 적고, 다이어트 때문에 고구마와 단백질 보충제를 먹으면서 규칙적인 식단을 먹은 상아 씨의 하루 총 섭취 열량은 2,000킬로칼로리가 넘는다. 매일 이렇게 먹는다면 살이 찌는 사람은 상아 씨다. 섭취하는 열량이 소모하는 열량보다 많으면 살이 찌기 때문이다. 물론 두 사람의 영양 균형이나 질병은 고려하지 않은 단순히 수치로만 본 결과다.

결국 자신의 섭취 열량을 제대로 계산하지 않으면, 규칙적으로 하루에 세 끼 건강한 음식을 먹더라도 하루 종일 먹은 음식의 열량이 생각보다 만만치 않다는 사실을 인지할 수 없게 된다. 그래서 식단 조절을 하고 있는 것 같은데도 살이 안 빠지는 기이한 현상이 벌어진다.

몇몇 동물 연구에서는 밤에 먹으면 체중이 늘어난다는 결과가 나왔지만, 사람을 대상으로 한 연구에서는 하루 적정 열량 섭취량을 넘어서면 몇 시에 먹든 체중이 늘어났다. 그럼에도 유독 밤에 먹으면 살이 더 찌는 것 같다는 느낌을 지울 수 없는 사람들도 있을 것이다. 이제부터 그 이유를 살펴보자.

야식이 다이어트를 망치는 과정

2012년 성인 52명을 대상으로 식습관을 추적한 연구에서 오후 8시 이후에 식사한 사람이 그 이전에 식사한 사람보다 하루 동안 섭취한 총 열량이 더 많은 것으로 나타났다. 다시 말해 늦은 시간에 먹는 사람은 그렇지 않은 사람보다 원래 총 섭취 열량이 높다는 것이다. 왜 이런 현상이 나타난 걸까?

첫째, 상대적으로 적은 선택권 때문이다. 늦게 먹는 음식은 대부분 김철수 씨가 먹은 삼겹살처럼 고열량 음식이 많다. 더욱이 저녁 식사는 대부분 회식이나 친구들과의 약속 등 사회생활과 밀접한 관련이 있기 때문에 내가 선택할 수 있는 음식의 범위가 적다. 또 혼밥을 하는 사람들은 배달 음식을 많이 먹는 편인데, 이들은 고열량 음식을 선호하는 경향이 높다. 배달 어플의 주문 음식을 분석해보면, 대부분의 배달 음식 구매자들이 샐러드 같은 채소류보다는 치킨, 피자, 족발처럼 기름지고 단위 무게당 열량이 높은 음식을 선택한다. 열량 과잉 섭취 문제와는 별개로 고지방 음식은 건강에 악영향을 미치고 체내 균형을 망가뜨린다.

둘째, 스트레스 등 부정적 감정 때문이다. 저녁 식사는 하루의 일상을 끝내고 먹는 마지막 식사다. 식사를 할 때 하루 종일 에너지를 쏟아낸 피로감이 반영된다. 스트레스, 불안, 지루함, 슬픔 등과 함께하는 감정적인 식사는 진정한 배고픔과 가짜 배고픔을 구별하는 데 혼란을 준다. 이러한 감정들에 대한 반작용으로 음식을 더 많이 먹도록 할 뿐만 아니라 고열량 음식에 대한 열망을 불러일으킨다. 하루 한 끼, 점심에 샌드위치만 먹다가 결국 삼겹살을 먹게 된 철수 씨처럼 말이다. 그나마

철수 씨는 식욕을 잘 조절하여 삼겹살 250그램만 먹고 소주는 마시지도 않았지만, 만약 소주를 마시거나 조절 능력이 저하되어 스트레스가 폭발하면 삼겹살 250그램은 우습게 넘길 것이다.

셋째, 어떤 사람들은 밤에 고열량 음식을 먹은 다음 날 하루 총 섭취 열량을 조절하려고 아침을 거르기 때문이다. 그러나 일과 중 공복 상태는 우리 몸을 더욱 피곤하게 만든다. 결국 점심 식사량을 늘리거나 중간중간 간식을 더 먹게 돼 하루 총 섭취 열량을 넘기고 만다. 여기에 수면 부족까지 겹치면 식욕에 영향을 미치는 호르몬 간의 불균형으로 식욕이 더욱 촉진된다.

이러한 이유로 밤 늦게 먹은 사람은 총 섭취 열량이 높다. 오후 11시에서 다음 날 새벽 5시 사이에 먹은 사람은 낮에만 먹은 사람보다 하루에 대략 500킬로칼로리를 더 섭취했다는 연구결과도 있다. 시간이 흐르면서 밤늦게 먹은 사람들의 체중은 평균 4.5킬로그램이 더 늘었다.

결론적으로 식사 시간이 체중에 직접적인 영향을 주는 것은 아니다. 총 섭취 열량이 적다면 밤에 음식을 먹어도 체중은 줄거나 유지할 수 있다. 체중 증가에 영향을 주는 것은 음식의 종류다. 야식을 먹는 대부분이 고열량 음식을 선택하거나 폭식할 가능성이 높기 때문이다. 또한 밤에 열량을 섭취하고 아침을 거른다고 해도 공복 시간이 늘면 낮 시간에도 필요 이상의 음식을 먹도록 만든다.

이 같은 상황을 방지하려면 단당류가 적고 식이섬유가 풍부하며, 모든 영양소가 균형 있게 포함된 식단을 규칙적으로 먹어야 한다.

3 케토제닉 다이어트, 진짜 살이 빠질까?

케토제닉 다이어트는 우리 몸이 포도당 대신 지방을 주 에너지원으로 전환하도록 저탄수 고지방 식단을 시행한다. 단지 일반적인 고탄수 저지방 식단과 영양소의 구성이 바뀔 뿐, 총 섭취 열량이 줄지 않으면 살은 빠지지 않는다. 더욱이 주 식단이 쌀밥과 달고 짠 반찬으로 구성된 우리나라에서는 쉽지 않은 다이어트 방법이다. 그런 만큼 케토제닉 다이어트를 하려면 정확한 방법을 공부한 뒤 본인의 몸 상태와 주변 환경에 맞춘 식사법을 선택해야 한다.

한때 광풍처럼 유행했던 다이어트 방법이 있다. 밥과 빵, 설탕 같은 탄수화물은 먹지 않는 대신 고기나 야채는 마음껏 먹으면서 살을 뺀다는 황제 다이어트다. 우리 몸은 설탕을 비롯한 단당류를 과하게 섭취하면 포도당을 분해하는 인슐린과 포만감을 느끼게 하는 렙틴에 대한 저항성이 점차 높아지고, 이는 여러 가지 건강 문제를 일으킨다. 황제 다이어트는 이러한 문제에서 벗어나 당 대신 지방을 태우기 위해 만들어졌다. 최근에는 황제 다이어트 대신 저탄수 고지방(저탄고지) 다이어트 또는 케토제닉 다이어트라고 부른다.

우리나라에서 케토제닉 다이어트를 한다는 것은

케토제닉 다이어트는 몸속에 들어간 음식이 몸에서 쓰이는 에너지로 전환되는 메커니즘을 바꾸는 것이다. 우리 몸은 기본적으로 탄수화물을 에너지로 전환시키는 반면, 케토제닉 다이어트는 지방을 주 에너지원으로 전환하도록 저탄수 고지방 식단을 시행한다. 보통 지방 80퍼센트, 단백질 15퍼센트, 탄수화물 5퍼센트 정도로 영양소 비율을 조절한다. 일반적으로 권고하는 영양소 섭취 비율이 지방 15~30퍼센트, 단백질 7~20퍼센트, 탄수화물 55~65퍼센트 정도라는 점과 비교하면 지방과 탄수화물 비율이 완전히 바뀌었다는 걸 알 수 있다. 다만 여기서도 중요한 점은 기존 다이어트와 마찬가지로 총 섭취 열량을 줄여야 의미가 있다는 것이다. 단순히 고기만 먹고 싶은 만큼 먹으면 되는 다이어트가 아니다.

저탄수 고지방 식단은 우리나라에서 케토제닉 다이어트를 유지하는 데 불리한 요소로 작용한다. 우리나라의 기본적인 식단은 쌀밥과 달고 짜거나 매운 반찬으로 구성되어 있다. 평생 먹던 식단과 정반대의 식단을 챙겨 먹어야 하므로 결코 쉬운 일이 아니다. 매번 요리를 스스로 만들어 먹거나 난치성 뇌전증 환아에게 제공되는 저탄수 고지방 식단을 구하는 방법밖에 없다. 저탄수 고지방 식단이 난치성 뇌전증 환아의 예후를 좋게 한다고 알려져 있어서 그들을 위한 영양식을 제공하는 업체가 존재한다. 하지만 이 영양식은 맛까지 고려하진 않는다. 따라서 케토제닉 다이어트는 우리나라에서는 엄격하게 지키기 어렵다는 점을 염두에 두어야 한다. 모든 다이어트 방법은 지속 가능해야만 효과가 있기 때문이다.

케톤 대사가 열쇠

탄수화물 비율이 높은 일반 식단을 먹으면 몸은 탄수화물을 분해하여 단당류인 포도당으로 바꾸고, 이 포도당을 주 에너지원으로 사용한다. 그러나 탄수화물 비율이 낮고 지방 비율이 높은 케토제닉 다이어트를 하면 몸은 생존을 위해 새로운 에너지 공급원을 찾는다. 이 새로운 에너지 공급원이 바로 지방이다. 우리 몸은 지방 산화를 자극하여 지방 분해를 촉진한다. 이 과정에서 저장만 되어 있던 지방은 에너지원으로 사용되기 위해 케톤체ketone body라는 화합물로 분해된다. 결과적으로 지방을 분해해 혈중 케톤체 농도를 증가시키고, 우리 몸이 포도당 대사 대신 케톤체를 주 에너지원으로 사용하는 케톤 대사를 유지하도록 하는 것이 케토제닉 다이어트의 핵심이다.

원래 케톤 대사는 포도당 대사와 함께 몸의 주된 대사과정 중 하나다. 특히 에너지가 고갈되었을 때 우리 몸을 지켜주는 역할을 한다. 특정 효소가 결핍되는 유전병이 있거나 케톤 대사가 정상적으로 이루어지지 않으면 꾸준히 에너지를 공급받아야 하는 뇌와 심장, 근육 같은 장기들에 문제가 생긴다.

케토제닉 다이어트를 시작하면 체내의 탄수화물이 고갈되고, 축적되어 있던 지방과 새롭게 섭취하는 지방을 에너지원으로 사용할 수 있도록 지방산으로 분해한다. 이 지방산은 몸에서 적절하게 사용하기 위해 아세틸-CoAacetyl-CoA라는 물질로 산화된다. 그 후 혈류를 통해 간으로 이동하고, 여러 효소의 작용을 거쳐 케톤체가 생성된다. 일반 식단은 포도당이 주 에너지원이므로 식후에 일시적으로 혈당이 증가하는 현상이 자연스럽다. 그러나 케토제닉 다이어트는 포도당을 거의 섭취하지 않으니 식후에도 저혈당 상태를 꾸준히 유지하게 되고, 평소와 다름없이 케톤 대사가 진행된다. 케톤 대사에서 생성된 케톤체는 일반 식단을 먹었을 때 포도당처럼 혈류를 타고 필요한 장기로 이동하여 에너지원으로 사용된다. 결국 탄수화물 공급이 끊어지면서 지방이 주인공인 케톤 대사가 이루어진다.

케토제닉 다이어트의 진짜 효과

케토제닉 다이어트는 탄수화물 섭취를 의도적으로 제한하여 빠르게 케톤을 생성하고, 혈당 수치의 변화를 최소화하는 데 초점을 맞춘다. 근육과 지방세포에는 인슐린에 반응하여 포도당을 세포 내로 흡수하는 수송단백질glucose transporter type4, GLUT4이 있다. 인슐린은 혈중 포도당 농도에 대응하여 분비되는 호르몬인데, 케토제닉 다이어트로 탄수화물을 제한하여 저혈당 상태가 유지되면 인슐린 분비가 줄어든다. 그러면

GLUT4가 잘 작동되지 않아 포도당이 세포 내로 흡수되지 못하고, 결과적으로 남은 포도당이 글리코겐이나 체지방으로 축적되는 일은 생기지 않는다. 다시 말해 살이 빠진다.

케토제닉 다이어트는 식욕을 억제하고 포만감을 높이는 데 큰 도움이 된다. 일반 식단을 먹으면 식후에 인슐린이 많이 분비된다. 인슐린은 포만감을 느끼게 하는 렙틴leptin 호르몬의 효과를 방해하는데, 케토제닉 다이어트를 하면 인슐린 농도가 낮아지므로 렙틴 호르몬이 더욱 잘 작용한다. 또한 지방이 많은 음식은 위를 통과하는 시간이 길기 때문에 공복감이 줄어 과한 음식 섭취를 막아준다. 몇몇 연구에서는 탄수화물 비율을 5~10퍼센트로 제한한 케토제닉 식이요법을 시행한 집단이 음식량은 자유롭게 섭취했음에도 총 섭취 열량이 감소했다는 결과가 나왔다.

케토제닉 다이어트는 체중 감량 말고도 또 다른 효과가 있다. 탄수화물 대신 지방이 대사되어 케톤체를 주 에너지원으로 사용하기 시작하면 몇 주 안에 우리 몸은 케톤 대사에 적응하는 케토시스ketosis 상태에 다다른다. 몸이 적응할 때까지 허기, 두통, 피로, 무기력 등이 일시적으로 나타날 수 있지만, 이러한 부작용은 몸이 적응하면 완화된다. 케토시스 상태에서는 식후에 인슐린 분비가 갑자기 늘지 않기 때문에 혈중 인슐린 농도가 낮은 상태로 거의 일정하게 유지된다. 따라서 당뇨를 유발하는 인슐린 저항성이 개선되어 건강한 신체 상태를 유지할 수 있다.

아직 이러한 내용과 상반된 연구결과들도 있다. 하지만 한 메타분석 연구를 살펴보면, 케토제닉 다이어트는 일반적인 저지방 식이요법에 비해 체중, 중성지방(체지방), 혈당, 이완기혈압(최저혈압)을 유의미하게 감소시켰고, LDL 콜레스테롤(나쁜 콜레스테롤)의 입자 크기와 HDL 콜레스테롤(좋은 콜레스테롤) 수치를 증가시켰다. 또 다른 연구에서는 케토제닉 다이어트가 심혈관질환, 암, 대사증후군의 위험을 감소시킨다고 결론 내리기도 했다.

운동도 할까, 말까

살이 빠져서 좋기는 한데 케토제닉 다이어트가 근육량까지 줄이지는 않을까, 걱정스러운 사람도 있을 것이다. 근육량을 늘리려면 고탄수 저지방 고단백 식이요법을 해야 한다는 이야기가 상식처럼 알려져 있다. 실제로 근육량에서 꽤 많은 비중을 차지하는 글리코겐은 포도당으로부터 합성된 후 다량의 수분을 머금고 있다. 그래서 케토시스 상태 초기에 혈당이 떨어지면, 근육 속 글리코겐도 줄어들고 수분도 함께 빠져나가 근육량이 감소하는 것처럼 보일 수 있다.

하지만 이는 일시적인 현상일 뿐이다. 근육은 언제든지 사용할 수 있도록 글리코겐을 비축해야 하기 때문에 케토시스 상태에 적응하면 근육량은 정상으로 돌아온다. 또한 몸 전체의 에너지원을 만드는 대사물질이 글리코겐이 분해되어 만들어지는 포도당이 아니라 케톤체로 바뀐 상태이므로, 평소보다 글리코겐 분해 속도가 감소하여 근지구력 등 근육의 성능이 전반적으로 향상된다. 더구나 일반 식이요법에 비해 단백질 함량이 높은 케토제닉 다이어트의 특성상 근단백질 합성에도 유리하기 때문에 적어도 근육 건강에 부정적 영향을 주지는 않는다.

또 하나, 저강도 유산소운동을 할 때는 주로 지방 분해를 통해 얻은 에너지를 사용한다. 적당한 강도의 운동이 지속되면 지방산을 산화시키는 신체 대사가 활발해지는데, 케토시스 상태에서는 기본적으로 지방을 분해하기 때문에 지구력 운동을 지속하기 위한 연료로써 긍정적 역할을 한다. 따라서 유산소운동과 케토제닉 다이어트를 병행하면 효과가 더욱 좋다.

올바르게 케토제닉 다이어트를 하는 법

케토제닉 다이어트는 꾸준히 식단을 유지한다면 체중 감량은 물론이고, 특히 당뇨병이나 비만 환자는 건강이 좋아지는 효과가 있다. 그럼에도 우리 몸에서 주 에너지대사의 메커니즘에 큰 변화를 일으키기 때문에 무작정 시작하면 좋지 않다. 제대로 된 방법을 공부하면서 신중히 계획하고, 의사와의 상담을 통해 기본적인 건강 상태를 확인한 후 시작하는 것이 중요하다.

케토제닉 다이어트를 할 준비가 되었다면 하루 탄수화물 섭취량을 20그램 미만으로 제한하고, 양질의 단백질과 지방을 충분히 섭취한다. 단백질은 필수아미노산이 골고루 포함되어야 하고, 지방은 식물성 불포화지방 위주로 식단을 구성한다. 케토제닉 다이어트 식단은 포만감이 높으므로 하루 동안 섭취하는 열량이 평소보다 낮겠지만, 별 생각 없이 마음껏 먹다가는 체중이 증가한다. 반드시 총 섭취 열량도 따져야 한다.

일단 케토제닉 다이어트를 시작하면, 몸이 케톤 대사에 완전히 적응해 케토시스 상태에 도달하기까지 수 주 동안 포기하지 말고 꾸준히 유지해야 한다. 이 과정에서 견디기 힘든 부작용이 발생할 수도 있다. 하지만 부작용은 일시적이며 몸이 적응할수록 증상들은 점차 사라진다. 적절한 운동과 병행하며 견뎌내다 보면 어느새 활기찬 몸을 느낄 수 있을 것이다.

4

간헐적 단식, 누구에게나 효과가 있을까?

간헐적 단식을 해도 폭식을 해서 총 섭취 열량이 줄지 않으면 거의 효과가 없다. 간헐적 단식은 일상생활에서 최대한 활기를 유지하면서 지속적으로 총 섭취 열량을 줄일 수 있게 도와주는 다이어트 방법이다. 단식일에 완전히 단식을 하면 근육량이 줄어들 수 있으므로 하루 한 끼 정도는 가볍게 먹어야 한다. 단 간헐적 단식은 개인의 건강 상태에 따라 좋지 않거나 효과가 다르므로 신중하게 선택한다.

간헐적 단식은 2013년 한 방송에서 소개된 이후 대중적인 다이어트 방법으로 자리 잡았다. 이미 간헐적 단식을 시도해본 독자도 많을 것이다. 간헐적 단식이 이토록 유명해진 이유는 음식의 종류와 양을 특별히 정해놓지 않고, 단지 '몇 시간 동안 굶기만 하면 된다'는 비교적 단순한 규칙 때문이다. 역사적으로 단식은 효과적인 건강 관리 방법, 치료 방법으로 오랜 관심을 받아왔다. 여러 동물실험을 통해 염증 억제와 노화 방지 효과가 입증되기도 했다. 그렇다면 다이어트 방법으로는 얼마나 효과적일까? 간헐적 단식이 체중과 체지방에 어떤 영향을 주는지 알아보자.

간헐적 단식의 종류와 효과

간헐적 단식intermittent fasting, IF은 간단히 말해 일정 시간 먹는 행위를 멈추고 몸에 휴식을 주는 것이다. 당뇨병 치료법을 연구하는 과정에서 연구자들은 한 가지 사실을 발견했다. 우리 몸에 오랫동안 탄수화물 공급이 중단되면 체지방을 에너지원으로 사용하려고 한다는 것이다. 인슐린은 원래 근육과 지방세포가 포도당을 흡수하도록 하는데, 공복 상태가 20시간 정도 되면 인슐린 수치가 낮은 상태로 유지된다. 이는 지방을 효과적으로 소모하도록 유도할 수 있다는 것이 연구자들의 이론적 근거다.

간헐적 단식에는 여러 종류가 있지만 다음 세 가지 방법이 대표적이다. 표를 보면 특별한 방법이 있는 것이 아니라 단식 시간만 지키면 된다는 것을 알 수 있다. 보통 다이어트는 매 끼니를 먹되 하루 총 섭취

격일 단식	일반적으로 하루는 먹고 싶은 것을 먹고, 하루는 단식한다.
5:2 단식	주 1~2회는 24시간 단식하고, 나머지 요일에는 먹고 싶은 것을 먹는다. 단 연속해서 이틀간 굶으면 안 되고 폭식은 하지 않는다.
시간제한 섭식	하루 중 일정 시간 동안만 음식을 먹는다. 대표적으로 16:8 단식법(16시간 금식, 8시간 섭취)와 23:1 단식법(23시간 금식, 1시간 섭취. 1일 1식)이 있다.

열량은 줄인다. 하루에 소모하는 열량보다 적게 섭취하면 잉여 열량이 발생하지 않아 살이 빠지기 때문이다. 그러나 매 끼니마다 간식마다, 심지어 음료수까지 열량과 영양소를 일일이 계산해가며 먹는 일은 어렵다. 게다가 영양소가 풍부한 음식을 찾아 헤맸던 선조들의 유전자가 남은 탓인지 맛있는 음식은 대체로 열량이 높은 편이다. 그렇다 보니 조금만 방심해도 다이어트는 너무 쉽게 실패로 돌아가곤 한다.

간헐적 단식은 단식 시간만 지키면 무엇이든 자유롭게 먹어도 되고 열량 계산도 필요 없다. 물론 폭식은 금물이다. 어떤 방법이라도 총 섭취 열량은 단식을 하든 하지 않든 총 소모 열량보다 적어야 한다.

다음 표는 간헐적 단식의 종류에 따른 일주일 식단의 예시이다.

첫째, 격일 단식alternate-day fasting, ADF은 본래 24시간은 단식하고 다음 24시간은 음식을 먹는 방법이다. 하지만 경우에 따라 완전히 단식하지 않고 하루 권장 열량의 25퍼센트만 섭취하기도 한다. 완전한 단식보다 지속 가능한 방법이라고 할 수 있다. 하루는 세 끼 모두 자유로운 일반식을 먹고, 그다음 날은 하루 권장 열량의 25퍼센트 정도로 한 끼만 먹고, 그다음 날은 다시 일반식 세 끼를 먹는다. 이 방법은 여러 연구결과 비만, 과체중, 정상체중 피험자 모두에게서 체중 감량과 체지방 감소

종류	월요일	화요일	수요일	목요일	금요일	토요일	일요일
격일 단식	자유식	25% 열량식	자유식	25% 열량식	자유식	25% 열량식	자유식
5:2 단식	자유식	자유식	자유식	단식	자유식	자유식	금단식
시간제한 섭식	16시간 공복 +8시간 식이	16시간 공복 +8시간 식이	16시간 공복 +8시간 식이	16시간 공복 +8시간 식이	16시간 공복 +8시간 식이	16시간 공복 +8시간 식이	16시간 공복 +8시간 식이

효과가 있는 것으로 나타났다.

정상체중과 과체중 성인 남녀 16명을 대상으로 22일간 격일 단식을 시행한 연구가 있다. 피험자에게는 단식일에 아무것도 먹지 않도록 한 결과 체중은 평균 2.1킬로그램, 체지방은 평균 4퍼센트 감소했다. 또 다른 연구에서는 정상체중과 과체중 성인 남녀 30명이 하루 권장 열량의 25퍼센트를 점심에 먹는 격일 단식을 12주간 진행했다. 이 연구에서 피험자의 체중은 평균 5.2킬로그램, 체지방은 평균 3.6킬로그램 감소했다. 비만 여성 32명에게 같은 방법을 8주간 시행한 다른 연구에서도 체중은 평균 4.0킬로그램, 체지방은 4.8킬로그램 감소했다.

다만 체지방을 제외한 제지방의 무게 변화는 연구에 따라 상반된 결과가 나타났다. 제지방이 감소했다는 결과가 나온 연구에서 피험자들은 단식일에 아무것도 먹지 않았다. 지방이 줄어드는 것은 반가운 일이지만 그 외 근육까지 줄어들면 오히려 다이어트에 악영향을 미친다. 따라서 근손실을 막으려면 단식일에 완전히 단식하지 말고, 적은 양이라도 한 끼 식사를 하는 것이 좋다.

둘째, 5:2 단식whole-day fasting, WDF은 일주일에 1~2일만 완전 단식을 하거나 초저열량만 섭취하는 방법이다. 상대적으로 단식 기간이 짧은 만큼 효과를 보려면 자유식을 먹는 다른 날에도 조금 더 제한적인 식단을 유지해야 한다. 일주일 동안 섭취한 총열량이 같다면, 5:2 단식이나 하루 섭취 열량을 제한하는 일반적인 다이어트 방법이나 체중 감량과 체지방 감소에서 유의미한 차이가 없었다. 총 섭취 열량이 같다면 일반 다이어트 식단이든 간헐적 단식이든 효과는 똑같다는 뜻이다. 다만 5:2 단식은 최대한 일상생활에 영향을 적게 주면서도 총 섭취 열량 역시 줄기 때문에 효과적인 방법이다.

5:2 단식은 많은 연구결과에서 유의미한 체중 감량과 체지방 감소가 나타났다. 한 연구에서 과체중과 비만 성인 107명을 대상으로 6개월 동안 일주일에 이틀은 하루 650킬로칼로리 이하를 섭취하도록 하고, 나머지 5일은 평소처럼 먹도록 했다. 그 결과 체중은 평균 6.4킬로그램, 체지방은 2.2퍼센트 감소했다. 또 다른 연구에서는 정상체중과 과체중 성인 32명을 대상으로 12주 동안 일주일에 2일은 하루 0킬로칼로리를 섭취하도록 하고, 나머지 5일은 평소 식사량보다 400킬로칼로리 적게 섭취하도록 했다. 또한 대조군에게는 12주 동안 평소처럼 먹도록 했다. 평소처럼 먹은 대조군의 체중은 평균 0.9퍼센트 감소하고, 체지방은 1.1퍼센트 증가했다. 반면 5:2 단식을 시행한 실험군은 체중은 평균 3.8퍼센트, 체지방은 5.7퍼센트 감소했다.

셋째, 시간제한 섭식time-restricted feeding, TRF은 간헐적 단식 가운데 가장 많은 사람이 시도해본 방법일 것이다. 하루 24시간 중 일정 시간은 단식하고, 남은 시간 동안 식사하는 방법이다. 이 방법도 섭취 열량과 섭취 시간에 따라 세부적으로 나뉜다.

세 끼로 나누어 먹던 하루 총 섭취 열량을 한 끼에 몰아 먹는 방법이 바로 1일 1식이다. 보통 오전 11시와 오후 4시 사이에 식사하며 이외에는 단식한다. 똑같이 세 끼를 먹되 식사 간격을 좁히는 방법도 있다. 예를 들어 평소에 2,400킬로칼로리를 아침 8시, 점심 1시, 저녁 6시에 먹었다고 하자. 16시간 단식하고 나머지 8시간 동안 식사하는 16:8 단식을 할 때는 2,400킬로칼로리를 아침 11시, 점심 2시, 저녁 6시에 먹는다. 다른 간헐적 단식보다 일상생활을 하면서 실천하기 쉽기 때문에 많은 사람이 선호하는 방법이다.

1일 1식을 실험한 연구에서 동일한 피험자들이 8주간 1일 1식을 하고, 11주간 휴식기를 가진 후 대조군으로써 평소 식단대로 8주간 하루 세 끼를 먹었다. 두 기간 모두 총 섭취 열량은 같았고, 1일 1식을 할 때는 20시간 단식, 4시간 식사법을 적용했다. 결과는 놀라웠다. 총 섭취 열량이 같았음에도 하루 세 끼를 먹었을 때보다 한 끼만 먹었을 때 체중은 평균 1.4킬로그램, 체지방은 1.9킬로그램이 유의미하게 감소했다. 제지방량은 통계적으로 유의미한 차이가 없었지만, 하루 세 끼를 먹었을 때보다 1일 1식을 했을 때 1.5킬로그램 증가했다. 건강하게 다이어트를 하고 싶은 사람에게 매력적인 결과다.

그렇다면 16:8 단식은 어땠을까? 웨이트 트레이닝을 꾸준히 하는 남성 34명을 대상으로 16:8 단식을 적용한 실험군과 똑같은 열량을 평상시 방법으로 섭취한 대조군으로 나누어 비교한 연구가 있다. 16:8 단식을 하는 실험군은 오후 1시, 4시, 8시에 식사했고, 평범한 식사를 하는 대조군은 오전 8시, 오후 1시, 8시에 식사했다. 8주간 진행된 이 실험에서 모든 피험자는 웨이트 트레이닝을 병행했다. 연구결과 16:8 단식을 한 실험군의 체지방이 16.4퍼센트 감소해 2.8퍼센트 감소한 대조군에 비해 유의미한 체지방 감소를 나타냈다. 한편 제지방량, 사지 근육량, 근력은 두 집단에서 유의미한 차이가 없었고, 8주 전과도 유의미한 차이가 없었다. 그야말로 지방만 빠져나간 것이다.

간헐적 단식, 제대로 하는 법

장기간 간헐적 단식을 시행할 경우 인체에 어떤 영향을 미치는지, 여러 단식법 중 어떤 방법이 가장 효과적인지 등 간헐적 단식에 대한 연구는 여전히 진행 중이다. 그러나 지금까지 살펴본 연구결과에서는 간헐적 단식을 시행했더니 정상체중 이상이라면 피험자의 비만도와 상관없이 체중 감량과 체지방 감소가 유의미하게 나타났음을 알 수 있다. 물론 단식법과 유지 기간이 다양해서 개인의 신체적 특성에 따라 효과가 다를 수 있다. 대부분의 연구가 8~12주 동안 진행되었고, 최대 6개월까지 진행한 연구도 있었다.

간헐적 단식은 아직 밝혀져야 할 부분이 많기 때문에 무작정 시작했다가는 개인의 건강 상태에 따라 위험할 수 있다. 특히 당뇨병을 앓고 있거나 섭식장애가 있는 사람, 성장기 어린이, 임산부라면 간헐적 단식은 피하는 것이 좋다. 또한 많은 연구가 비만이나 과체중인 사람을 대상으로 했기 때문에 저체중인 사람은 간헐적 단식의 효과가 뚜렷하지 않을 수도 있다. 따라서 다이어트에 성공하려면 한 가지 방법만 고집하지 말고, 자신의 환경과 신체리듬에 맞추어 오랫동안 건강한 몸 상태를 유지할 수 있는 방법을 선택하는 것이 중요하다.

신중하게 고민한 뒤 간헐적 단식을 선택했다면, 완전한 단식은 근육량이 줄어들 수 있으므로 하루 한 끼 정도는 가볍게 먹어서 근손실을 막아야 한다. 가장 중요한 것은 일주일간 총 섭취 열량이 같다면, 간헐적 단식을 한다고 해도 하루 세 끼를 챙겨 먹을 때보다 다이어트 효과가 더 큰 것이 아니므로 폭식은 금물이라는 점이다.

5

채소를 많이 먹으면 살이 빠질까?

채소를 소화하는 데 사용되는 열량이 채소로 섭취하는 열량보다 높아서 살이 빠지는 마이너스 칼로리 효과가 있다. 그러나 우리가 일반적으로 섭취하는 채소 양으로는 이 효과를 기대하기 어렵다. 채소가 풍부한 식단을 먹으면 당장의 배고픔을 달랠 수 있다는 장점도 있다. 그러나 장기적으로는 우리 몸이 채소가 주는 포만감에 적응해 더 부피가 큰 음식을, 더 많이 먹고 싶도록 만들어 다이어트를 방해할 수 있다.

채소 중에도 시금치나 배추 같은 잎채소는 다른 식재료에 비해 열량이 매우 낮다. 그래서 다이어트를 할 때 배고픔을 달래기 위해 자주 먹게 된다. 그런데 가끔 채소도 이렇게 많이 먹으면 살찌지는 않을지 궁금해진다. “전 정말 물이랑 채소밖에 안 먹었는데요”라는 하소연에 “코끼리도 초식동물입니다”라며 경각심을 일으키는 말까지 있을 정도니 말이다. 물론 초식동물인 코끼리와 달리 사람에게는 식물의 섬유질을 소화해 흡수 가능한 형태로 분해하는 효소가 없으므로 적절하지 않은 말이다.

채소는 열량이 낮아 마음껏 먹을 수 있고 포만감을 주기 때문에 배고픔을 이기게 해준다고 알려져 있다. 특히 잎채소는 많은 양을 먹어도 얻을 수 있는 열량이 높지 않다. 그렇다면 소화하는 데 드는 열량이 섭취한 열량보다 높은 '마이너스 칼로리 효과'로 살을 뺄 수 있지 않을까?

모든 채소가 다이어트에 도움이 되지는 않는다

잎채소에도 적은 양이지만 과당과 포도당, 단백질 등의 영양소가 들어 있으니 열량이 아예 없다고 할 수는 없다. 잎채소에 들어 있는 탄수화물은 식이섬유를 제외하면 주로 단당류, 그중에서도 과당이 높은 비율을 차지한다. 과당은 근육이나 지방세포가 바로 흡수할 수 있는 포도당과 달리 간에서 대사과정을 통해 지방산으로 전환된다. 과당 흡수에 관여하는 GLUT2라는 막단백질이 간세포에만 존재하기 때문이다. 따라서 너무 많은 과당을 섭취하면 비알코올성 지방간이 생길 수 있다. 달달한 과일이나 액상과당이 포함된 음료수를 너무 많이 먹으면 안 되는 이유다. 하지만 채소는 무게 대비 과당 함유량이 매우 낮기 때문에 이런 걱정은 하지 않아도 된다. 보통 2킬로그램 배추 한 포기에 들어 있는 과당이 150그램짜리 사과 한 개에 들어 있는 과당보다 적다. 즉 단위 무게당 가지고 있는 에너지인 열량 밀도가 매우 낮다.

다만 잎채소만 그렇다. 고구마, 감자 같은 뿌리채소와 수박, 딸기 같은 열매채소는 전분이나 과당 함량이 높기 때문에 당연히 열량이 많을 수밖에 없다. 또한 잎채소라 해도 즙이나 주스로 먹으면 식이섬유와 부피도 감소한다. 같은 양의 채소라도 갈아서 먹을 경우 그대로 먹을 때보다 체중 감량에는 불리하다.

마이너스 칼로리 효과

채소를 많이 먹기만 하면 살이 빠질까? 결론부터 말하면 불가능하다. 최신 연구결과에 따르면, 피험자들의 기존 식단에 채소를 추가하는 것만으로는 체중이 줄지 않았으며, 채소를 먹는 동시에 전체적인 섭취 열량이 줄어야만 체중이 줄었다.

채소를 소화하는 데 사용되는 열량이 채소로 섭취하는 열량보다 높아 체중 감량을 유도할 수 있다는 마이너스 칼로리 효과를 떠올릴 수도 있다. 그러나 채소를 먹는다고 해서 이러한 효과를 기대하기는 어렵다. 채소를 소화하는 데 드는 열량은 섬유질이 없는 다른 음식을 소화하는 데 드는 열량과 유의미한 차이가 없다. 뿐만 아니라 열량도 생각보다 크지 않기 때문이다. 채소를 먹었을 때 열량의 순변화량은 0에 가까우며, 추가적인 체중 감량 효과를 기대하기는 어렵다. 결국 채소를 먹으면 체중 감량에 일정 수준의 도움은 줄 수 있지만, 그 자체가 열량을 소모시키는 것은 아니기 때문에 총 섭취 열량을 제한하는 것이 가장 우선이다.

식용식물 가운데 열량을 지닌 물질의 체내 흡수를 저해하는 성분을 가지고 있는 식물이 있다. 한 예로 채소에 많은 리그닌lignin과 키틴chitin

이라는 불용성 식이섬유는 콜레스테롤이나 지방산의 흡수율을 낮추기도 한다. 하지만 실제로 이런 성분이 유의미한 체중 감량 효과를 가져다주지는 않는다. 쥐를 대상으로 한 연구에서는 리그닌이 혈중 중성지방 농도를 낮추는 것을 확인할 수 있었다. 그러나 인체에서는 유의미한 효과를 보인다는 연구가 부족했고, 키틴 역시 실제로 체중에 미치는 영향이 유의미하지 않다. 현재 혈중 중성지방 농도를 유의미하게 낮춘다고 공인된 약물은 피브레이트Fibrate와 오메가3 지방산이 거의 유일하다. 다른 성분들도 다이어트 보조제로 많이 출시되고 있지만, 실제 효과는 아직 보장할 수 없다.

포만감이 높은 잎채소

잎채소는 포만감이 높아서 다이어트에 효과가 있다는 말은 절반만 정답이다. 채소는 왜 다른 음식보다 포만감이 잘 느껴질까? 채소는 먹는 데 걸리는 시간, 배부른 상태로 유지되는 시간 등이 다른 음식에 비해 상대적으로 길다. 다이어트를 할 때 드레싱을 넣지 않은 샐러드를 힘들게 먹어본 사람은 알 것이다. 이때 음식을 천천히 먹으면 같은 양이라도 급하게 먹었을 때보다 배부른 경험을 한 적도 있을 것이다. 음식을 먹으면 포만감을 느끼게 하는 렙틴, 식욕을 자극하는 그렐린ghrelin 등 호르몬 분비가 변화한다. 먹자마자 바로 포만감을 느끼는 것이 아니라 음식이 위장관에 오래 남아 있을수록 관련 호르몬이 잘 분비되고 혈중농도가 유지된다. 단기적으로는 음식의 열량보다 음식 자체의 부피가 이러한 과정에 더 강력한 영향을 준다. 채소는 다른 음식보다 열량 대비 부피가 큰 것이다.

우리 몸의 위에서는 효소가 고형음식을 분해해 흡수하기 쉬운 상태로 만든다. 그래서 위의 끝부분을 막고 있는 유문괄약근을 지나는 음식은 거의 액상 형태의 입자다. 이를 유미즙이라 하며, 기름지거나 물리적으로 질기고 단단한 음식일수록 유미즙이 되는 데 걸리는 시간이 길어진다. 과일즙이나 탄산음료 같은 액상 음식이 위에서 별다른 소화 과정을 거치지 않고 초고속으로 흡수되는 것과 달리, 채소는 식이섬유가 풍부하여 소화 시간이 길고 포만감을 오래 느끼게 한다. 또한 채소는 특유의 쓴맛이 있고 입안에서 오래 씹어야 하므로 먹는 속도도 꽤나 느린 편이다. 음식을 계속 느리게 먹다 보면 이에 대한 일화기억이 발달하여 평상시 다른 식사를 할 때도 천천히 적게 먹는 습관이 만들어진다.

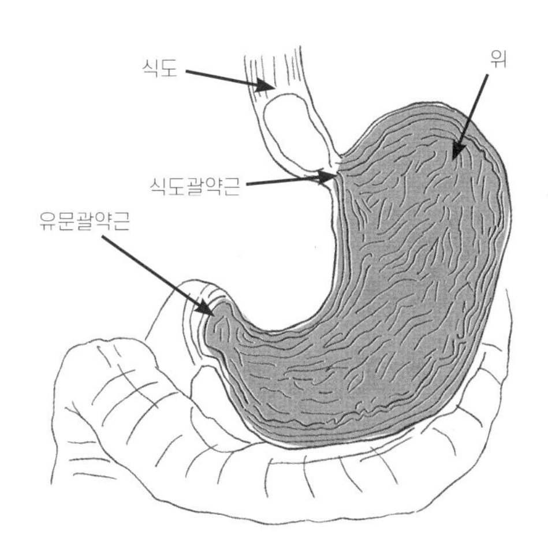

채소가 부리는 꼼수

한 가지 고려해야 할 점이 있다. 채소는 풍부한 식이섬유를 가지고 있어서 열량 대비 많은 부피를 차지한다. 그래서 채소가 풍부한 식단을 먹으면 당장의 배고픔을 달래는 효과가 있다. 하지만 장기적으로는 먹는 음식의 부피가 커지고, 더 많이 먹고 싶어져 오히려 다이어트를 방해할 수 있다. 아직 연구가 더 필요하지만, 우리 몸이 채소의 큰 부피 때문에 느끼는 포만감에 적응하여 꼼수가 통하지 않게 될 수 있다는 뜻이다.

2004년 《유럽영양학회지》에 유방암의 재발과 비만의 관련성을 연구한 톰슨Thomson CA의 논문이 실렸다. 이 연구에서는 유방암 치료를 받은 적이 있는 여성들에게 고식이섬유로 구성된 식단을 먹도록 했다. 고식이섬유로 구성된 식단을 먹도록 교육받은 집단과 식단에 대해 별다른 교육을 받지 않은 집단으로 나누어 6, 12, 24, 36, 48개월째에 피험자들의 체성분을 측정했다. 6개월째에 체성분을 측정한 결과 고식이섬유 식단을 먹은 집단에서 약간의 체지방과 체중 감량을 확인할 수 있었지만, 12~48개월째 체성분을 측정한 결과에서는 두 집단 간에 유의미한 차이가 없었다. 심지어 연구 시작 전과 비교했을 때도 유의미한 체성분 차이를 발견할 수 없었다. 즉 열량을 제한하지 않는다면 6개월 정도의 단기적 수준에서는 고식이섬유 식습관이 포만감을 가져다주어 열량을 덜 섭취하게 한다. 그러나 장기적으로는 몸이 이러한 변화에 적응할 뿐만 아니라 심지어 단기적 효과의 결과마저 없애는 것이다.

이 밖에 몇몇 연구도 결과는 비슷하다. 채소를 많이 먹을 당시에는 포만감을 느끼더라도 총 섭취 열량 자체가 부족하므로 몸에서는 음식이 부족하다는 신호를 보낸다. 그렇게 먹는 음식의 양이 점점 늘어남으로써 결국 총 섭취 열량도 늘어난다. 총 섭취 열량을 줄이겠다는 강력한 의지가 없다면 우리 몸은 다이어트를 하기 전 원래 몸으로 돌아오고 만다.

6

다이어트 콜라, 정말 살찌지 않을까?

코카콜라 제로 같은 다이어트 음료에는 설탕 대신 소르비톨, 아스파르템 등 저열량 합성감미료를 첨가한다. 따라서 0킬로칼로리 음료 자체는 체중에 영향을 주지 않는 것이 사실이다. 그러나 장기적으로 보면 합성감미료는 식욕을 자극하여 살이 찌게 할 수 있다. 단맛을 느끼게 해주지만 실제로 당을 섭취한 것이 아니므로 우리 몸이 착각을 일으키기 때문이다. 일반 음료보다 낫겠지만 아무리 다이어트 음료라도 적당히 조절하며 마셔야 한다.

독자들 중에도 콜라나 사이다 같은 탄산음료를 좋아하는 사람이 많을 것이다. 더울 때 꿀꺽꿀꺽 들이키는 시원한 콜라 한 캔, 햄버거를 씹어 넘긴 다음 빨대로 쭉 빨아들이는 콜라 한 모금은 그야말로 짜릿한 쾌감을 준다. 안타깝게도 몸만들기를 시작하면 바로 끊어야 하는 음식 목록에 항상 올라오는 것이 탄산음료다. 콜라나 사이다를 좋아하는 사람에게는 너무나 고통스러운 일이다. 이들에게 0킬로칼로리, 즉 제로칼로리를 내세우는 다이어트 콜라, 다이어트 사이다는 한 줄기 빛 같은 존재다.

코카콜라에서 출시한 0킬로칼로리 콜라인 '코카콜라 제로'는 설탕 대신 아스파르템asparteme과 아세설팜칼륨acesulfame potassium 같은 합성 감미료로 단맛을 낸 음료다. 미국과 캐나다를 비롯한 일부 국가에서는 '칼로리 제로', 다른 국가에서는 '무설탕'이라고 광고한다. 우리나라에서는 2006년 4월부터 판매하기 시작했다. 오리지널 코카콜라와 코카콜라 제로의 성분을 비교해보면, 500밀리리터당 200킬로칼로리인 오리지널 코카콜라에 비해 코카콜라 제로는 0킬로칼로리이다. 정확히 말해 0킬로칼로리는 아니고 거의 0킬로칼로리에 가까운 음료다.

합성감미료의 장점과 단점

감미료는 음식에 단맛을 더해주는 식품첨가물로 합성감미료와 천연감미료가 있다. 설탕과 꿀이 대표적인 천연감미료다. 인공감미료라고도 불리는 합성감미료는 단맛을 가진 화학적 합성물이다. 현재 우리나라에서는 소르비톨, 아스파르템, 수크랄로스 등을 사용할 수 있다. 합성감미료 가운데 사카린은 일부 식품에만 사용할 수 있고, 예전에 많이 사용하던 시클라메이트와 둘신은 독성 문제 때문에 사용이 금지되었다. 식품의약안전처(식약처)에서 사용을 허가했다고 해서 마음 놓고 사용할 수도 없다. 포도당을 환원시킨 소르비톨은 소화 흡수가 잘 되지 않아 비만이나 당뇨병 환자를 위한 감미료로 사용하는데, 설사를 일으키기 쉽다는 결점이 있다.

합성감미료 중에서 가장 유명한 아스파르템은 아스파탐이라고도 불리며, 흰색의 결정성 분말로 냄새는 없다. 감미도는 기본적으로 설탕의 200배 정도이고, 식품의 특성과 사용 농도에 따라 150~200배를 나타낸다. 고감미 감미료 가운데 설탕과 맛이 가장 비슷하고 다른 인공감미료와 달리 쓴맛이 없다. 아스파르템은 포도, 오렌지, 레몬 등 과일 향을 더해주고 의약품이나 커피 등의 쓴맛을 줄여준다. 체내에서는 일반 단백질처럼 분해·소화·흡수된다. 아스파르템 1그램당 열량은 설탕과 같은 4킬로칼로리지만, 같은 정도의 단맛을 내는 데 설탕의 200분의 1만 첨가하면 되기 때문에 저열량 감미료로 많이 사용한다. 시중에서 볼 수 있는 대부분의 다이어트 탄산음료는 주로 아스파르템을 사용한다.

한 손엔 덤벨을, 한 손엔 제로칼로리 음료를

다이어트 음료에 첨가하는 아스파르템과 같은 합성감미료를 저열량 감미료라고 한다. 저열량 감미료가 체중에 얼마나 영향을 미치는지 살펴본 47개의 동물실험 연구를 분석한 리뷰 논문에 따르면, 저열량 감미료는 대체로 체중 증가나 감량에 큰 영향을 주지 않는 것으로 나타났다. 아스파르템이 인체 대사에 미치는 영향을 메타분석한 리뷰 논문에서도 아스파르템이 체중 감량에 미치는 영향은 통계적으로 유의미한 정도는 아니라는 것을 확인할 수 있고, 다른 논문들도 결론이 같았다.

많은 연구에서 합성감미료 자체가 체중 증가나 감량에 유의미한 영향을 주지 않는다는 결론을 내렸지만, 다이어트의 완벽한 아군은 아니다. 합성감미료가 식욕을 자극하여 장기적으로는 체중 증가를 유발할 수 있기 때문이다. 합성감미료와 식욕의 관계에 대해 분석한 리뷰 논문을 보면, 천연감미료 대신 합성감미료를 사용하면 충분한 에너지를 얻을 수 없기 때문에 이를 보상하기 위해 식욕이 증가하는 것으로 나타났다. 저열량 감미료는 혀의 미뢰에 있는 단맛 수용체를 자극하여 단맛을 느끼게끔 유도한다. 하지만 실제로 당을 섭취한 것은 아니므로 섭취했다고 생각하는 당의 양과 실제 섭취한 당의 양 사이에 차이가 발생하기 때문에 식욕이 증가한다.

이 원리에 대해서는 몇 가지 이론이 있다. 첫째, 합성감미료의 단맛이 감각을 통해 신경을 자극하고, 몸이 음식의 소화와 흡수에 최적화되도록 활성화시켜 에너지와 영양분을 섭취할 준비를 한다는 이론이다. 우리 몸은 음식을 소화하고 영양분을 섭취할 준비를 하고 있는데, 그만큼의 음식과 영양분이 들어오지 않으니 몸에서 배고프다는 신호를 보내는 것이다.

둘째, 탄수화물은 포만감을 느끼게 하는 GLP-1 호르몬의 분비를 자극하지만, 합성감미료는 GLP-1 호르몬의 분비를 자극할 수 없다. 결과적으로 포만감이 줄어들어 열량 섭취를 증가시킨다는 이론이다.

셋째, 입맛에 맞음 또는 맛있음을 의미하는 기호성과 관련한 원리다. 특히 단맛은 음식을 먹을 때 맛있다고 느끼게 하는 주요 원인으로 우리가 더 많은 음식을 먹도록 유도한다. 이 가설은 아직 충분한 근거가 없어서 계속 연구해야 한다.

합성감미료로 단맛을 낸 코카콜라 제로 같은 0킬로칼로리 다이어트 음료가 체중 증가나 감량에 영향을 미치지는 않는다. 그러나 합성감미료가 체내에 들어가면 뇌에서는 당을 섭취했다고 착각하지만, 실제로 당은 없기 때문에 몸에서는 당을 섭취하라고 요구하므로 식욕을 느낀다. 결국 길게 보면 합성감미료는 식욕을 자극하여 체중 증가로 이어질 수 있다. 일반 탄산음료보다는 낫겠지만 아무리 다이어트 음료라고 해도 적당히 마시고, 식욕을 고려해 다른 음식의 섭취도 조절해야 한다.

7 가르시니아, 효과가 있을까?

가르시니아 추출물로 만든 다이어트 보조제가 체지방 감소에 도움을 준다는 이론적인 근거는 있다. 쥐를 대상으로 한 연구에서도 효과적이라는 결과가 나오고 있다. 그러나 사람을 대상으로 한 연구에서는 대조군에 비해 충분한 효과가 있다는 것을 입증하지 못했다. 식약처에서도 가르시니아 추출물이 체지방 감소에 도움을 주는 작용을 할 수도 있다고 했지, 체지방 감소에 효과가 있다고 발표한 적은 없다.

지금은 SNS 시대다. 인스타그램, 유튜브, 페이스북 등 다양한 소셜미디어가 사람들의 일상에 깊이 들어와 있다. 그렇다 보니 많은 기업에서 SNS를 통한 높은 광고 홍보 효과와 접근성을 활용하기 위해 노력하고 있다. 하지만 그만큼 과대광고, 장점만 나열한 유명인의 협찬 후기, 이른바 뒷광고가 늘어나는 부작용도 커지고 있다.

여기서는 특히 이러한 상술과 과대광고가 넘쳐나는 다이어트 보조제에 관해 살펴보려고 한다. 규칙적인 식사와 운동이라는 정도正道를 걷기 힘들 때, 다른 쉬운 방법이 없을까 둘러보면 처음 눈에 띄는 게 다이어트 보조제이다. 여러 다이어트 보조제 가운데 요즘 각광받는 제품이 있다. 바로 가르시니아 추출물이 들어 있다는 제품이다. 가르시니아 제품 설명서에는 가르시니아 추출물을 섭취하면 체지방과 체중이 감소하는 효과를 볼 수 있다고 쓰여 있다. 그저 먹기만 해도 두 달 동안 체중이 5.4킬로그램이나 줄었다는 드라마틱한 후기를 소개하면서 말이다. 과연 가르시니아 추출물이 실제로 효과가 있을까?

가르시니아 광고의 진실

가르시니아의 원래 이름은 가르시니아 캄보지아garcinia cambogia이다. 인도, 네팔, 스리랑카가 원산지인 말라바르 타마린드 나무의 열매에서 추출해 만든다. 가르시니아의 주요 구성 성분은 크산톤, 벤조페논, 아미노산, 유기산 등이고, 여기서 가장 주목해야 할 성분이 하이드록시시트릭산hydroxycitric acid, HCA이다.

가르시니아 추출물인 HCA는 체지방 감소에 도움이 될 수도 있다며 많은 업체에서 다이어트 보조제의 성분으로 사용하고 있다. 탄수화물을 과하게 섭취하면 잉여 탄수화물은 에너지로 사용되지 못하고 체내에 남아 지방으로 합성되는데, 가르시니아 추출물이 이 과정을 억제하여 결과적으로 체지방 감소를 유도한다는 것이다. 우리나라 식약처에서는 HCA를 체지방 감소에 도움을 주는 생리활성기능 1등급 원료로 지정하기도 했다. 그런데 현재 생리활성기능 등급제는 폐지되었고, 2019년에는 HCA에 대한 평가를 '체지방 감소에 도움을 줄 수 있음'으로 변경했다. 이러한 평가를 근거로 가르시니아 추출물 제품을 만드는 업체에서는 HCA가 체지방 감소에 효과가 있다, 식욕을 감소시켜 식사량을 줄이는 효과가 있다고 광고한다.

여기까지 들으면 꽤나 그럴듯하게 들리지만, 적어도 현재까지 나온 연구결과에 따르면 이 업체들은 모두 허위광고를 하고 있다.

가르시니아 추출물은 어떻게 작용할까

가르시니아 추출물인 HCA는 우리 몸에서 어떤 작용을 하기에 다이어트 효과가 있다고 하는 걸까? ATP 시트르산 분해효소ATP citrate lyase는 우리 몸에서 에너지 전달 분자인 ATP를 생성하는 과정의 일부인 시트르산 순환에서 남아도는 시트르산을 아세틸-CoA와 옥살아세트산oxaloacetic acid으로 분해한다. 몸에서 여러 역할을 하는 아세틸-CoA는 탄수화물을 지방산과 지질로 전환하는 데도 필요한 물질이다. 다시 말해 체내로 들어간 탄수화물이 살로 변하는 데 결정적 역할을 하는 물질이 아세틸-CoA이다. HCA는 ATP 시트르산 분해효소의 아세틸-CoA 생성을 막는다. 그에 따라 지방산 합성과 지질 생성이 줄어들어 체지방 합성이 감소하는 것이다. 그렇다고 해서 체내에서 미처 지방으로 변환되지 못한 탄수화물이 사라지는 것은 아니다. 우리 몸은 어떻게든 남는 탄수화물을 에너지원으로 쓰려고 할 것이고, 그만큼 체지방을 연소시키는

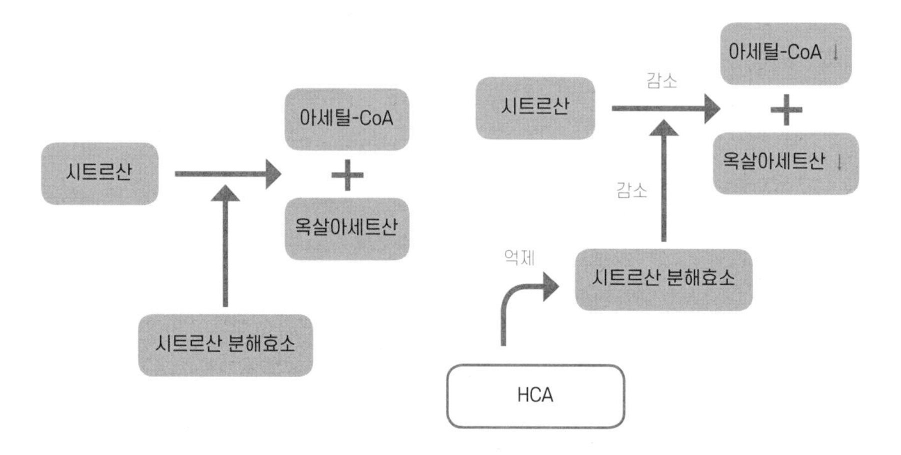

과정이 방해받는다.

아세틸-CoA의 감소 자체가 체지방이 에너지원으로 소모되는 과정의 일부인 지방의 산화작용을 유도해 체지방을 줄이기도 한다. 좀 더 자세히 설명하면, 지방의 산화작용을 돕는 카르니틴 팔미토일 전달효소1 carnitine palmitoyltransferase1, CPT1을 억제하는 말로닐-CoA malonyl-CoA라는 물질이 있다. 이 물질의 재료가 바로 아세틸-CoA다. 아세틸-CoA 생성이 줄어들면 CPT1의 생성을 억제하는 말로닐-CoA 생성 역시 줄기 때문에, 지방의 산화작용을 돕는 CPT1이 증가한다. 따라서 지방산화가 활성화되는 것이다. 특히 유산소운동을 함께하면 이러한 효과가 더욱 두드러져 빨리 지방이 손실된다.

또한 분해되지 못한 시트르산은 이후 글리코겐으로 대사되고, 그로 인해 글리코겐 농도가 늘어나면 식욕 억제 효과가 있는 세로토닌 분비가 늘어난다. 이 때문에 HCA가 식욕 억제 기능을 가지고 있다고 할 수 있다.

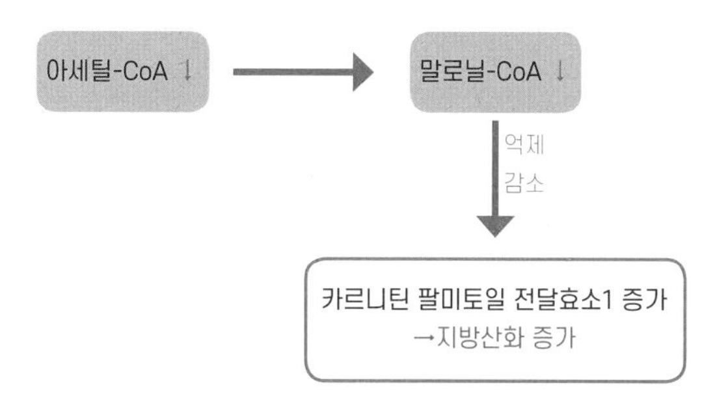

지금까지 나온 설명만 보면 HCA는 다이어트 보조제로 상당한 효과가 있는 것 같다. 쥐를 대상으로 한 연구에서는 이러한 HCA 작용 메커니즘이 다이어트에 긍정적인 효과를 줄 수 있다는 결과가 지속적으로 나오고 있다. 그렇다면 사람에게도 마찬가지일까? 이론적으로 유효하고 동물실험에서 효과가 나타난 신약 후보 물질이 신약으로 인정받으려면 사람에게서도 대조군에 비해 유의미한 결과가 나와야 한다. 그러나 사람을 대상으로 한 임상시험에서는 아직 동물실험 결과만큼 확실한 효과를 입증하지 못했다. 다음 최신 연구결과를 살펴보면 알 수 있다.

사람에게도 효과가 있을까

임상시험에서도 무작위 대조군 연구를 통해 대조군에 대한 효능을 파악할 수 있지만, 피험자의 수가 충분히 많지 않다면 아직 근거 수준이 높지 않은 상태다. 한두 번의 실험만으로 성분의 효과를 확신할 수 없고, 누구에게 언제 어떻게 실험하느냐에 따라서 매번 결과가 다를 수 있기 때문이다. 이럴 때 여러 기관에서 시행한 다양한 규모의 실험을 통계적인 방법에 따라 통합하는 방식으로 정밀성을 높이는 방법이 메타분석이다. 메타분석을 활용해 여러 연구를 종합해 요약한 방법이 체계적 문헌고찰이다.

가장 최근인 2020년 6월 HCA와 체중 감량의 연관성에 대한 11개의 연구를 메타분석한 체계적 문헌고찰이 발표되었다. 다음 표와 그래프는 그 결과다. 그래프를 보면 결론에 해당하는 마름모 부분이 중간선인 0에 걸쳐 있다. HCA는 위약을 복용한 대조군에 비해 사실상 체중 감량에 유의미한 영향을 주지 못했다. 물론 HCA의 실질적인 효과를 입증해주는, 무작위적으로 잘 통제된 연구와 규모 있는 임상시험이 아직 부족하기 때문에 추가 임상시험이 필요하다.

분명 식약처에서는 HCA가 체지방 감소에 도움을 줄 수 있다고 인증했는데, 이게 무슨 소리냐고 물을 수 있다. 말장난 같지만 식약처에서는 HCA가 '체중을 감소시킨다'라고 한 것이 아니라 '체지방 감소에 도움을 줄 수 있다'라고 했다. 둘은 엄연히 다르다. 체지방이 감소하면 체중도 감소해야 하는 것이 아닐까? 하지만 식약처에서는 이론상 HCA가 체지방 감소에 도움을 주는 작용을 할 수'도' 있다고 한 것이지, 장기적으로 체지방 감소에 얼마나 유의미한 효과가 있는지에 대해 인증한 것이 아니다. 탄수화물이 지방으로 전환되는 비율 중 0.1퍼센트만 억제하더라도 억제했다고 할 수 있으니 작용한다고 할 수는 있다. 얼마나 효과적인지와는 다른 이야기다.

지금까지 나온 임상시험 연구결과를 볼 때 이론과는 다르다. HCA가 광고에서 설명하는 것만큼 먹기만 해도 체지방과 체중이 줄어드는 놀라운 효과를 볼 수 있는 제품은 아닌 것이다.

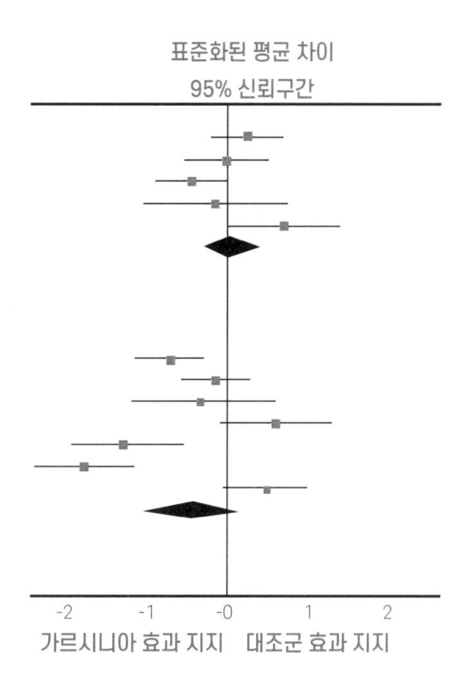

	가르시니아 실험군			대조군				표준화된 평균 차이	
연구	평균	표준편차	참여 인원	평균	표준편차	참여 인원	가중치	평균차	95% 신뢰구간
가르시니아 단일 성분									
Heymsfield 1998	-3.2	3.3	42	-4.1	3.9	42	24.8%	0.25	[-0.18, 0.68]
Kim 2011	-0.68	1.83	29	-0.65	2.23	29	21.7%	-0.01	[-0.53, 0.50]
Mattes 2000	-3.7	3.1	42	-2.4	2.9	47	25.1%	-0.43	[-0.85, -0.01]
Preuss 2004a	83	21.5035	10	86	15.6533	10	12.1%	-0.15	[-1.03, 0.73]
Preuss 2004b	87.21	14.0792	19	78.84	9.2	16	16.4%	0.68	[-0.01, 1.36]
5개 총합			**142**			**144**	**100%**	**0.04**	**[-0.33, 0.41]**
가르시니아 + 타 허브 복합제									
Chong 2014	-2.26	2.37	46	-0.56	2.34	45	15.5%	-0.72	[-1.14, -0.29]
Opala 2006	-2	2.6	47	-1.5	3.5	51	15.7%	-0.16	[-0.56, 0.24]
Preuss 2004a	80.8	15.59	10	86	15.6533	10	12.2%	-0.32	[-1.20, 0.56]
Preuss 2004b	86.72	15.5705	18	78.84	9.2	16	13.7%	0.59	[-0.10, 1.28]
Thom 2000	-3.5	2	20	-1.3	1.4	20	13.7%	-1.25	[-1.93,-0.57]
Toromanyan 2007	-4.17	2.7167	30	-0.55	1.0001	28	14.3%	-1.72	[-2.33,-1.11]
Vasques 2008	0.38	1.9	32	-0.48	1.7	26	14.9%	0.47	[-0.06, 0.99]
7개 총합			**203**			**196**	**100%**	**-0.44**	**[-1.03, 0.15]**

가르시니아 추출물의 부작용

가르시니아 추출물 제품을 구매할 때 한 가지 더 고려할 점은 부작용이다. 가르시니아 추출물의 주성분인 HCA는 앞에서 말했듯이 주로 간에서 작용한다. 따라서 간독성을 일으킬 가능성이 있으며, 복용 시 두통, 설사, 메스꺼움 등 가벼운 위장 부작용도 일으킬 수 있다. 특히 HCA의 추출원인 가르시니아 열매에 알레르기나 과민성이 있는 사람은 상당한 부작용을 겪을 수 있으므로, 절대 가르시니아 추출물 제품을 섭취하면 안 된다.

그럼에도 너무 걱정은 하지 않아도 된다. 위장 부작용과 간독성을 유발할 수 있다는 연구결과들이 있지만, 체계적 문헌고찰에서는 부작용 역시 아직까지는 대조군에 비해 유의미할 만큼 발생하지 않았다고 한다. 당연한 말이다. 효과도 없는데 부작용만 있으면 이 성분은 당연히 퇴출됐어야 할 테니 말이다. 식약처에서 제공하는 식품안전정보포털 '식품안전나라'(foodsafetykorea.go.kr/main.do)에 업로드되는 건강기능식품 이상사례 신고 현황을 보면, 2020년 10월까지 가르시니아 추출물 제품 때문에 이상사례를 겪었다는 보고가 약 500건 정도다. 2015년부터 2019년까지 전체 건강기능식품 이상사례 신고 건수는 총 4,168건이다. 일단 건강기능식품을 하나라도 복용하는 인구를 생각해본다면, 그중 가르시니아 추출물로 인한 이상사례는 생각보다 적다.

꼭 가르시니아 추출물 제품이 아니더라도 건강기능식품을 섭취할 때 주의해야 할 사항이 있다. 바로 여러 가지 건강기능식품을 함께 복용하는 것이다. 건강기능식품에서 제시하는 가이드라인에는 정해진 복용

횟수가 있는데, 특정 성분의 과다 복용을 막기 위해서다. 건강기능식품은 보통 여러 가지 원료를 포함하고 있다. 동시에 여러 가지 건강기능식품을 섭취할 경우 특정 성분을 과다 복용하게 되어 부작용을 초래할 수 있다. 무엇보다 시중에서 판매되는 건강기능식품은 의사의 처방이 필요한 의약품과 달리 누구나 쉽게 구할 수 있기 때문에 주의해야 한다. 효과 대비 경제적 비용 등을 생각해야 하는 것은 말할 것도 없다. 건강기능식품은 대부분 가격이 비싼 편이니까 말이다.

건강기능식품은 건강기능식품일 뿐

건강기능식품이 아닌 의약품은 출시 전후로 여러 번의 임상시험을 거친다. 아무리 이론적으로 옳고 동물에게 효과가 있더라도 사람에게 심한 부작용이 나타나거나 충분한 효과가 나타나지 않아 폐기되는 신약 후보 물질은 수없이 많다. 하지만 인체에 효과가 그리 크지 않은 건강기능식품에는 이렇게까지 철저한 기준을 적용하지 않는다. 그런 만큼 누구나 이러한 사실을 충분히 알고 올바르게 판단할 수 있어야 한다.

결론적으로 HCA 대한 임상시험은 쥐에 대해서는 어느 정도 효과를 입증했으나, 사람을 대상으로 한 실험에서는 위약에 비해 충분한 효과를 입증하지 못했다. 전문가들은 HCA의 효과를 명확하게 입증하기 위해서 추가 연구가 필요하다고 주장한다. 여러 연구에서 HCA를 섭취하면 어느 정도 효과가 있다는 결과부터 부작용이 나타났다는 결과까지 나왔다. 하지만 이 모든 연구를 메타분석한 연구에서는 HCA가 체중 감량이나 부작용 발생에 유의미한 영향을 미치지 않는다는 결과를 얻었다.

이처럼 아직 확실한 효과가 입증되지 않은 건강기능식품을 적지 않은 값을 치르며 섭취하는 것은 의학적으로 권고하지 않지만, 선택은 결국 자신의 몫이다.

PART 2

몸만들기 핵심,

단백질의 모든 것

1

단백질은 무조건 많이 먹는 게 좋을까?

단백질은 먹는 대로 분해되어 몸에 흡수된다. 하지만 근육 성장에 사용되는 양은 우리가 먹는 단백질의 양 가운데 아주 일부분이다. 대부분은 체내 활동이나 에너지원으로 사용되고, 남는 양은 지방으로 저장되거나 배설된다. 근육에 좋다고 해서 무조건 많이 먹어도 소용없다. 건강한 성인이라면 하루에 체중 1킬로그램당 1.6~1.8그램의 단백질을 먹는 것이 좋다.

살을 빼고 몸을 만들겠다는 일념으로 헬스장에서 열심히 운동하는 사람들도 식단은 가볍게 여기는 경우가 많다. 그저 덜 먹고 많이 움직이는 게 최고라고 생각하며 원푸드 다이어트 식단이나 초저열량 다이어트 식단대로 먹기도 한다. 그러나 건강하게 살을 빼고 요요 없이 오랫동안 적절한 체중을 유지하기 위해서는 탄수화물, 단백질, 지방 등 영양소를 어떤 비율로 어떻게 섭취할지 충분히 고민해야 한다. 그중 건강하고 효과적인 다이어트 식단을 구성하는 데 가장 중요한 요소가 단백질이다. 근육을 키울 때는 물론이고, 다이어트를 할 때 근육을 유지하기 위해서라도 꼭 필요한 영양소이기 때문이다.

예전에는 양질의 단백질을 원하는 만큼 섭취하기 힘들어서 선수 생활을 그만두었다는 보디빌더들에 대한 이야기가 있을 정도였다. 요즘은 상대적으로 저렴하게 단백질 보충제를 구할 수 있다. 단백질 보충제의 원료인 우유에서 분리해낸 유청단백질을 대량으로 생산할 수 있기 때문이다. 이제는 사람들의 관심사도 단백질을 구하는 방법보다는 단백질을 얼마나 어떻게 섭취해야 할까로 바뀌었다.

단백질을 먹으면 몸에서 일어나는 일

이렇게 단백질 보충제를 쉽게 구할 수 있다 보니 근육을 키우는 데 좋다며 단백질 보충제를 하루에 몇 스쿱씩 먹는 사람도 있다. 이렇게 먹으면 정말 근육을 키우는 데 도움이 될까?

미국 식품의약국FDA에서는 평범한 사람의 단백질을 전체 섭취 열량의 10~15퍼센트 내외로 섭취할 것을 권장한다. 단백질은 섭취한 양만큼 모두 근육이 되지는 않는다. 단백질 섭취량이 많아지면 그만큼 대사되는 질소 노폐물도 많아져서 신장에 부담을 줄 수 있기 때문이다. 그래서 단백질을 많이 섭취해봤자 비싼 대변이 된다고 생각하는 사람들도 있다. 사실 단백질은 섭취한 만큼 몸에서 거의 다 흡수되기 때문에 특별한 질병을 가지고 있어 소화 기능에 장애를 겪지 않는 이상 그렇게 많이

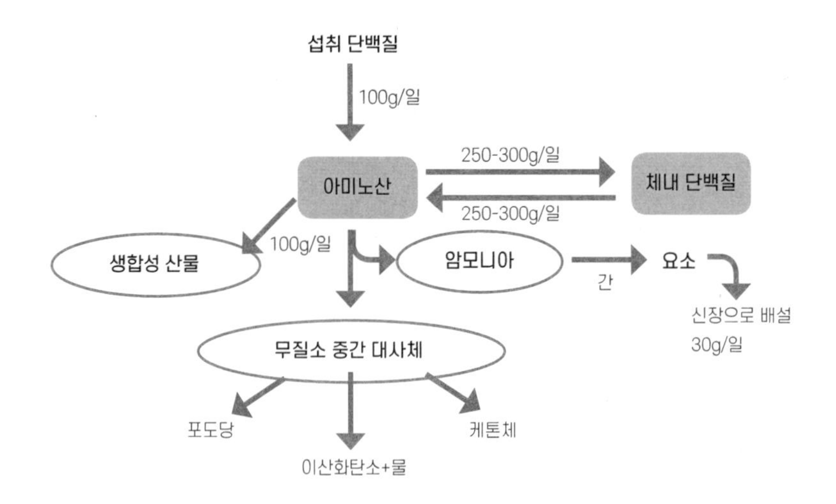

배설될 일은 없다. 몸에서 필요한 만큼 사용하고 나면 지방으로 바뀌어 살이 된다는 게 문제다.

우리 몸은 생각보다 역동적으로 움직이며 체내 단백질은 고정되어 있지 않다. 위의 그림과 같이 우리 몸에서는 하루에 250~300그램의 단백질이 근육을 비롯한 체내 세포에서 빠져나와 아미노산으로 분해되고, 다시 그만큼의 단백질이 합성되어 생리적 평형을 유지한다. 아미노산은 근육을 키우는 데만 쓰이는 것이 아니다. 근육 합성 외에도 세포 합성, 신호 전달, 효소 생성 등 거의 모든 신체 활동에 관여하며 그 구성 요소들이 다시 아미노산으로 분해되기도 한다. 일반적으로 우리가 섭취하는 단백질의 양은 하루에 100그램 정도로, 체내에서 하루 동안 합성·분해되는 단백질의 총량에 비하면 적은 편이다.

이렇게 흡수되어 쓰이고 남은 단백질이 전부 대변으로 배설되는 것은 아니다. 에너지원으로 사용되거나 탄수화물 또는 지방으로 전환되거나 신장을 거쳐 소변으로 배설된다. 대변을 통해 소장과 대장 표면의 세포와 각종 효소, 장내세균이 탈락되어 배출되므로 단백질이 들어 있기는 하다. 하지만 섭취한 단백질이 많다고 해서 특별히 대변 속 단백질이 늘지는 않는다.

보디빌더가 아무리 열심히 훈련하고 많이 먹어도 스테로이드제제 등 약물을 사용하지 않고서는 자연적으로 1년에 근육 4킬로그램을 늘리기도 힘들다고 하니, 실제로 근육 합성에 사용되는 단백질은 우리가 섭취한 단백질량 중에서도 새 발의 피임을 알 수 있다. 사람들이 흔히 생각하는 것처럼 과하게 섭취한 단백질이 전부 화장실에서 버려지는 일은 거의 없지만, 온전히 근육을 키우는 데만 쓰이는 것도 아니다. 우리 몸 곳곳에서 따로 쓰이고, 그래도 남으면 살이 되기 때문에 특별히 좋지는 않다.

단백질, 얼마나 먹어야 좋을까

다음 그래프는 단백질 섭취량에 따른 단백질 합성량을 나타낸 것이다. 운동을 하지 않는 사람(실선)의 경우 단백질 섭취량이 1.0그램 이상 넘어가면 합성량에 영향을 미치지 않는다는 것을 알 수 있다.

실제 메타분석 결과 평소 운동량이 적은 사람은 제지방량을 기준으로 체중 1킬로그램당 1.0그램, 평소 운동량이 많은 사람은 체중 1킬로그램당 1.6~1.8그램 이상의 단백질을 섭취하는 것은 근육 합성에 유의미한 영향을 미치지 않았다. 다시 말해 체중 1킬로그램당 1.6~1.8그램까

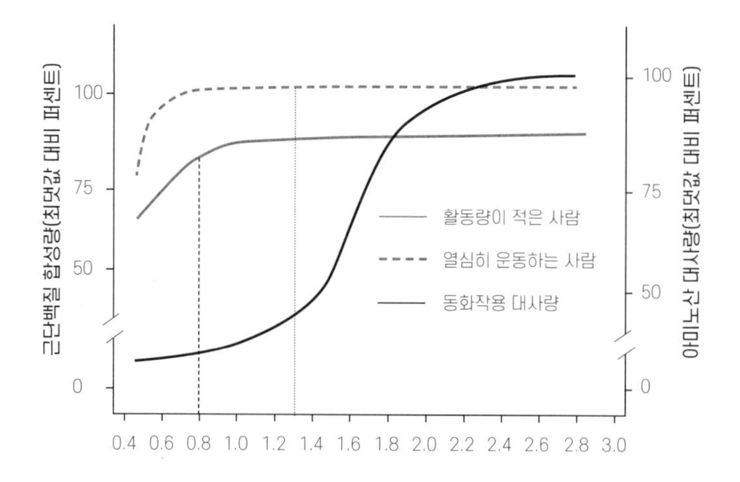

지는 단백질을 섭취한 만큼 근육 합성에 도움이 되었지만, 그 이상 섭취하는 것은 근육 합성에 아무런 도움이 되지 않았다. 또한 건강한 사람이 체중 1킬로그램당 단백질을 2.0그램까지 섭취하는 것은 건강에 큰 문제를 일으킬 근거가 없다고 한다. 따라서 건강한 성인이라면 이 수치를 기준 삼아 운동량에 따라 단백질을 하루에 체중 1킬로그램당 1.6~1.8그램까지 섭취하는 게 가장 좋다.

한 끼에 이만큼 먹으면

하루 동안 단백질의 양은 어떻게 나눠 먹는 게 좋을까? 이 질문에 대한 답은 단백질을 어떤 형태로 섭취하느냐에 따라서 달라진다.

밥을 먹으면 밥은 소화계의 작용을 거쳐 작은 덩어리로, 영양소로 분해되어 우리 몸에 흡수된 다음 혈액을 통해 전신으로 퍼져나간다. 몸속에 들어온 단백질 역시 아미노산으로 분해되어 흡수되기까지 이러한 과정을 거친다. 이 과정은 보통 충분한 시간을 거쳐 단계별로 일어난다. 그런데 단백질은 빨리 흡수되면 빨리 빠져나가기 때문에 소화 시간이 오래 걸리는 고기보다 단일 성분으로 빠르게 흡수되는 유청 분리 단백질이 체내 아미노산 농도를 빨리 높이고 빨리 떨어뜨린다. 혈액에 아미노산이 많을 때는 상대적으로 근육 합성이 잘되지만 잉여 아미노산이 많아 근육 합성 외에 다른 경로로 버려지는 양도 많다. 그래서 일반 식사 형태가 아닌 단백질 보충제만으로 단백질을 섭취한다면 조금씩 자주 먹어야 한다.

이와 관련한 재미있는 리뷰 논문이 있다. 복싱 선수들에게 하루에 일정한 양의 식사를 각각 2회부터 6회까지 나누어 먹도록 한 후 기초대사량과 체중 감량 효과를 관찰했다. 그 결과 12시간 간격으로 하루 2회 폭식한 집단에서는 근육량이 감소했고, 하루 3~6끼에 걸쳐 나누어 먹은 집단에서는 유의미한 차이가 없었다. 다른 비슷한 실험들에서도 같은 결과를 얻었다. 12시간마다 한 번씩 폭식한 경우 아미노산 농도가 순간적으로 너무 높이 올라가 근육 합성 외에 다른 경로로 버려지는 양도 많을뿐더러 단식에 가까운 시간이 생기므로 문제가 되었던 것이다. 한편 하루 세 끼 이상 먹을 경우 식사 간격만 적절하다면 나누어 먹는 횟수는 다이어트와 큰 상관이 없었다.

최근 많은 사람이 다이어트를 하기 위해 간헐적 단식을 시도하는데, 장기간 공복은 체지방을 빼는 데는 도움이 될지 몰라도 근육량을 늘리는 데는 불리하다. 근육을 생각한다면 간헐적 단식을 하더라도 중간에 완벽한 공복을 유지하기보다는 소량의 영양 보충을 해주어야 한다.

지속 가능한 몸만들기를 위한 단백질

그렇다고 해서 너무 과하게 자주 먹으면 음식을 소화하느라 하루 종일 에너지를 쓰기 때문에 건강에 좋지 않고, 다른 사람들의 생활주기와도 맞지 않으므로 일상생활에 무리가 생길 수 있다. 몸을 만드는 일은 100미터 달리기가 아니라 마라톤이다. 꾸준히 지키지 못할 지속 가능하지 않은 식사 습관은 도움이 되지 않는다. 제대로 된 식사를 하루 3~4끼씩 꾸준히 잘 챙겨 먹는 것이 좋다.

다행히 몸을 만들고자 하는 사람들이 최근에 단백질 보충제를 섭취하는 양상이 달라지고 있다. 빠르게 흡수되는 유청 분리 단백질 보충제는 운동 직후 고갈된 단백질을 보충하기 위해서 사용하는 편이다. 더불어 회식 등으로 탄수화물 위주 식사를 했거나 수면 전후로 부족했던 단백질을 보충하고자 할 때는 카제인 단백질처럼 천천히 흡수되는 복합 성분을 포함시키는 추세로 가고 있다. 단순히 단백질 보충제를 섭취하는 자체만으로는 큰 의미가 없다. 상황과 목적에 따라 섭취하는 단백질의 종류가 달라져야 한다. 그래야 단백질을 제대로 섭취하는 것이다.

2

운동 후 30분 내에 단백질을 먹어야 할까?

운동 후 단백질을 먹는 것은 매우 중요하지만 '기회의 창'은 생각보다 짧지 않다. 운동 전에 충분한 식사를 했다면 운동 직후에 단백질을 추가로 먹을 필요가 없다. 평상시처럼 여유롭게 영양소의 균형을 맞춘 식사를 하면 된다. 근단백질을 효과적으로 합성하려면 1킬로그램당 0.4~05그램의 단백질을 3시간 간격으로 나누어 먹는 것이 좋다. 다만 공복 상태에서 운동했다면 최대한 빠르게 단백질을 먹어준다.

헬스장을 다녀본 사람이라면 운동을 끝낸 직후 부랴부랴 단백질 보충제를 챙겨 먹는 사람을 많이 봤을 것이다. 왜 그럴까? 운동 직후에 먹는 단백질 보충제가 더 맛있기 때문일까 아니면 고강도 운동을 해서 허기지기 때문일까.

개인의 특성과 처한 상황에 따라 해석은 다를 수 있지만, 이들은 대체로 기회의 창window of opportunity 이론을 믿는 사람이라고 볼 수 있다.

기회의 창

기회의 창은 원래 놓치면 안 되는 중요한 타이밍을 뜻하는 말이다. 운동에서는 근력운동을 하고 난 뒤 근육 합성을 최대화하려면 운동이 끝난 후 꼭 30~60분 이내에 충분한 단백질과 탄수화물을 보충해야 한다는 이론을 말한다. 언뜻 들으면 굉장히 신빙성 있는 이론처럼 들려서인지 실제 많은 사람이 실천하고 있다. 심지어 어떤 이들은 이렇게 섭취하는 것이 하루 단백질 섭취량을 준수하는 것보다 더 중요하다고 주장하기도 한다. 운동하며 쏟아부은 에너지를 빨리 보충해야 할 것만 같은 느낌이 들기 때문이다. 기회의 창 이론을 지지하는 사람들의 대표적인 주장은 다음과 같다.

1 우리는 체내에 저장된 영양소를 에너지원으로 활용하여 운동을 한다.

2 근력운동 과정에서 우리 몸의 근섬유는 미세한 손상을 입는다.

3 따라서 고갈된 에너지원을 보충하고 손상된 근섬유를 회복시키려면 빠른 시간 내에 영양소를 보충해야 한다.

결론부터 말하면, 기회의 창 이론에서 주장하는 운동 후 단백질을 보충해야 하는 시간은 특수한 상황을 제외하고 널리 알려진 것처럼 그렇게 제한적이진 않다. 단백질 섭취 시기와 근육 합성량 간의 상관관계를 조사한 25개의 연구를 메타분석한 논문이 있다. 이 논문을 살펴보면, 근력운동 전후에 단백질을 섭취한 각 집단 간의 근육 합성량은 유의미한 차이가 없었고, 운동 후 1시간 내에 단백질 보충제를 섭취한 집단과

3시간 후에 섭취한 집단 역시 근육 합성량은 유의미한 차이가 없었다.

그렇다면 앞서 말한 '특수한 상황'은 어떤 상황을 가리키는 걸까? 공복 상태에서 근력운동을 수행한 경우다. 공복 상태에서 운동하면 체내에 저장된 에너지원이 더 빨리 고갈되고 근섬유(근육세포)의 손상도 더 활발하게 일어난다. 이러한 경우에는 운동 직후에 바로 단백질 보충제를 섭취하는 등 빨리 식사하는 것이 근육 합성에 큰 도움이 된다.

기회의 창, 어떻게 유명해졌을까

기회의 창 이론을 믿는 사람들이 제시하는 대표적인 연구가 있다. 운동 직후에 단백질 보충제를 섭취한 집단이 섭취하지 않은 대조군보다 근단백질 합성률이 세 배 더 높았다는 연구이다.

이 연구에서는 성인 남녀 10명이 최대 산소 섭취량의 60퍼센트 강도로 유산소운동을 실시한 후 한 집단은 운동 직후 1시간 이내에, 다른 집단은 3시간 이후에 단백질과 탄수화물로 구성된 보충제를 먹었다. 그 결과 다음 그래프와 같이 운동 직후 1시간 이내에 보충제를 섭취한 초기 집단이 3시간 이후에 섭취한 후기 집단보다 다리 근육의 단백질 합성량이 세 배 더 높았다.

하지만 이 연구는 단기간에 진행했고 피험자 수가 매우 적었다. 더욱이 근력운동이 아닌 유산소운동을 한 후 단백질 대사과정을 측정한 결과라는 한계가 있다. 따라서 앞으로는 훨씬 많은 수의 피험자를 대상으로 근력운동을 한 후 단백질 보충제를 섭취했을 때, 실질적으로 이들

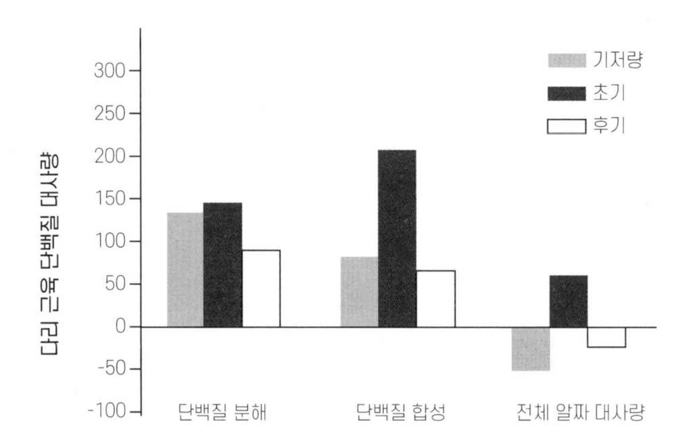

의 근단백질 합성량이 어느 정도 늘어나는지 장기적인 관점에서 살펴보아야 한다.

운동 전에 먹을까, 운동 후에 먹을까

최근 단백질 섭취 시기와 근육 합성의 장기적인 연관성을 알아본 연구가 있다. 1년 이상 헬스를 한 적 있는 성인 대학생 21명을 한 번에 들 수 있는 최대 무게의 평균이 비슷하게끔 일정한 기준 없이 두 집단으로 나눴다. 한 집단은 운동하기 직전에 단백질 위주의 보충제를 마셨고, 다른 집단은 운동한 직후에 보충제를 마셨다. 두 집단에게는 보충제 말고 다른 음식을 먹지 않도록 했으며, 하루 총열량과 영양 섭취도 동등하게 유지했다. 피험자 모두 10주간 전신 근력운동을 8~12회씩 3세트를 주 3회 진행했다. 실험 전, 실험 중간, 실험 후에 이들의 신체 조성, 근육

	운동 전 섭취 집단		운동 후 섭취 집단		
	실험 전	실험 후	실험 전	실험 후	p값
총 체지방량(kg)	**12.2**±9.0	**10.9**±7.9	**8.9**±3.5	**7.9**±2.4	**0.58**
스쿼트 1회 최대 무게(kg)	159±22	165±23	146±28	154±21	0.73
벤치프레스 1회 최대 무게(kg)	124±16	126±18	117±23	121±22	0.5
상완이두근 두께(mm)	41.5±4.9	42.1±6.3	36.3±4.1	39.2±5.9	0.48
상완삼두근 두께(mm)	51.5±9.3	51.9±8.8	53.5±7.5	54.0±6.5	0.61
가쪽대퇴사두근 두께(mm)	56.6±4.7	54.1±4.7	54.9±7.2	56.0±7.3	0.69
안쪽대퇴사두근 두께(mm)	65.4±6.7	64.5±11.8	67.6±7.6	68.6±7.0	0.52

두께, 최대 근력을 측정하여 비교했다. 여기서 신체 조성은 우리 몸을 구성하는 물질의 종류와 양 그리고 이것들이 전체 체중에서 차지하는 비율을 가리킨다. 개인의 건강과 체력을 유지하는 데 매우 중요한 요소이다.

위의 표에서 보듯이 실험군과 대조군의 신체 조성, 근육 두께, 최대 근력 모두 통계적으로 유의미한 차이가 없었다. 단백질 섭취 타이밍과 근단백질 합성에 대해 연구한 20여 개의 논문을 메타분석한 연구도 마찬가지이다. 다른 교란변수들을 생각하지 않고 단순히 보충제의 섭취 시기와 근단백질 합성량만을 비교했을 때는 어느 정도 상관관계가 있는 것으로 나타났다. 하지만 모든 교란변수를 완벽하게 통제했을 때는 앞서 살펴본 연구결과처럼 근단백질 합성량에 유의미한 차이가 없었다.

결과적으로 단백질의 섭취 시기와 근단백질 합성량 사이에는 큰 관련이 없었다. 그럼에도 많은 사람이 기회의 창 이론을 맞다고 생각하는 이유는 무엇일까? 기회의 창 이론을 믿고 실천하는 사람들은 평균적으로 그렇지 않은 사람들보다 더 열심히, 더 많은 힘을 들여서 운동하기 때문일 것이다.

우리 몸은 늘 변한다

근육은 고정된 것이 아니라 합성과 분해가 끊임없이 일어난다. 우리 몸은 이 균형을 통해 유지된다. 다시 말해 근단백질 합성량이 분해량보다 많아질 때 결과적으로 순수한 의미의 근육 성장을 이룰 수 있다. 참고로 근단백질 분해 수치는 공복 상태에서 운동할 때 유의미하게 증가한다는 연구결과가 있다. 공복 상태에서 운동하면 오히려 있는 근육마저 줄어들 위험이 있으므로 운동 후에라도 얼른 단백질을 보충해주어야 한다.

운동 후에 최적의 근육 합성을 하려면 단백질을 어떻게 먹어야 할까? 피험자를 세 집단으로 나누어 각각 운동 직후 12시간 동안 40그램씩 두 번, 20그램씩 네 번, 10그램씩 여덟 번으로 나누어 먹도록 한 후 이들의 근육을 이루는 근원세포량 증가율을 시간별로 조사했다. 그 결과 모든 구간에서 20그램씩 네 번으로 나누어 적절히 단백질을 섭취한 집단에서 근육 합성률이 유의미하게 높았다.

다음 그래프는 위의 연구결과를 종합한 것이다. 효과적인 근단백질 합성을 위해서는 운동 직후 다량의 단백질을 한 번에 섭취하거나 조금씩 너무 자주 먹는 것보다 적당한 양의 단백질(0.4~0.5그램/킬로그램)을 적당한 간격(3시간)으로 나누어 먹는 것이 가장 유리함을 보여준다. 흡수와

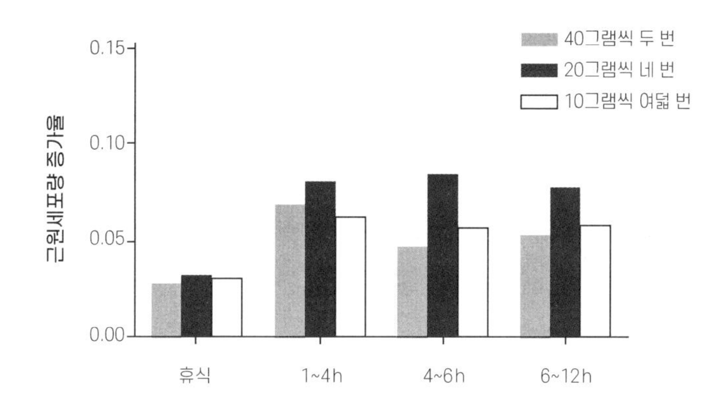

소모가 빠른 단백질 보충제를 섭취했을 때 나온 결과이므로 보충제가 포함되지 않은 일반 식단을 먹는다면 한 번에 더 많은 단백질을 더 긴 간격으로 섭취해도 괜찮다.

3 채식주의자는 단백질을 충분하게 먹을 수 있을까?

동물성 단백질이 식물성 단백질보다 근육 합성에 더 효율적이다. 동물성 단백질이 필수아미노산 9종을 모두 포함하고 있기 때문이다. 식물성 단백질만 먹어서 생기는 문제는 단백질 섭취 총량을 늘리고, 필수 아미노산을 따로 섭취하여 해결할 수 있지만 여러모로 비효율적이다. 한편 남성이 대두 단백질을 과다 섭취할 경우 여성화 부작용이 나타난다는 논란이 있으나, 여러 연구 결과 오히려 장점이 더 많은 것으로 밝혀졌다.

단백질은 우리 몸의 구성 요소이자 근육 합성에 꼭 필요한 영양소다. 최근 들어 필라테스, 요가, 헬스 등 다양한 운동이 유행하면서 보통 사람들 사이에서도 단백질 섭취에 대한 관심이 높아져 섭취량도 늘고 있다. 우리가 일상적으로 가장 많이 접하는 단백질은 동물성 단백질이다. 유청단백질, 각종 육류와 해산물, 달걀 등을 통해 섭취할 수 있는 단백질을 말한다.

그런데 동물성 단백질 섭취가 늘어남에 따라 부작용 역시 늘고 있다. 주로 동물성 단백질에 많이 포함된 포화지방과 콜레스테롤이 몸속에 지나치게 쌓여 심혈관질환을 일으킨다. 더욱이 동물성 단백질을 생산할 때 배출되는 막대한 탄소발자국은 커다란 환경 문제가 되고 있다. 이에 대한 대안으로 최근 급부상하고 있는 것이 식물성 단백질이다. 식물성 단백질은 동물성 단백질과 달리 다양한 곡류 및 채소를 통해 섭취할 수 있다. 대두가 대표적이다.

하지만 일각에서는 식물성 단백질이 우리 몸에 필요한 아미노산 20종을 모두 함유한 것은 아니기 때문에 근육 성장에 그다지 효과적이지 않다고 비판한다. 이와 함께 남성이 대두 단백질을 과도하게 섭취하면 여성형 유방이 나타날 수 있다는 우려 때문에 일부 남성은 식물성 단백질 섭취를 제한하기도 한다.

완전 단백질과 불완전 단백질

단백질은 지방, 탄수화물과 더불어 우리 몸을 유지하는 데 꼭 필요한 3대 영양소 중 하나다. 단백질에서 빼놓을 수 없는 성분이 아미노산이다. 아미노산은 단백질을 구성하는 기초 성분이며, 우리가 단백질을 섭취하면 소화 과정을 거치며 아미노산으로 분해된다. 아미노산은 근육을 형성하고 면역체계를 구성하는 등 체내에서 다양하게 활용된다. 자연에서 생성되는 아미노산의 종류와 수는 헤아릴 수 없이 많다. 그중 체내에서 생명을 유지하고 각 기관, 특히 근육을 형성하는 데는 20종의 아미노산이 활용된다.

아미노산은 체내에서 충분히 생성되느냐에 따라서 크게 두 종류로 나뉜다. 체내에서 충분히 생성되어 추가 섭취가 필요 없는 아미노산을 '비필수 아미노산'이라 하고, 충분히 생성되지 않아 추가 섭취를 해야 하는 아미노산을 '필수 아미노산'이라 한다. 필수 아미노산은 히스티딘, 이소류신, 류신, 라이신, 메티오닌, 페닐알라닌, 트레오닌, 트립토판, 발린 9종이다. 비필수 아미노산은 글루탐산, 글루타민, 아스파라긴산, 아스파라긴, 아르기닌, 시스테인, 세린, 알라닌, 프롤린, 글리신, 티리신 11종이다.

근육을 합성하려면 이 아미노산 20종을 모두 충분히 섭취해야 한다. 비필수 아미노산은 체내에서 충분한 양이 생성되기 때문에 우리가 신경 써서 섭취해야 하는 아미노산은 필수 아미노산이다. 그래서 우리가 섭취하는 단백질은 필수 아미노산 9종이 모두 함유되어 있느냐 아니냐를 기준으로 완전 단백질과 불완전 단백질로 나뉜다. 결국 운동한 후 완전 단백질을 섭취했을 때가 불완전 단백질을 섭취했을 때보다 근육 합성이 더 활발하게 일어난다고 할 수 있다.

동물성 단백질과 식물성 단백질

동물성 단백질은 일반적으로 필수 아미노산 9종을 모두 포함한 완전 단백질로 볼 수 있다. 뿐만 아니라 동물성 단백질의 공급원인 동물성 식품은 식물성 식품에서 찾아볼 수 없는 양질의 영양소를 많이 가지고 있다. 대표적인 영양소로 비타민 B2, 비타민 D, DHA(생선류에 들어 있는 불포화지방산), 아연이 있는데, 동물성 식품 섭취를 제한하는 사람은 이러한 영양소가 결핍될 확률이 높은 것으로 밝혀졌다.

하지만 동물성 단백질을 섭취하는 것에는 부정적인 면도 있다. 대표적으로 육류를 지나치게 많이 먹으면 뇌졸중, 고혈압, 심근경색 등 여러 질병을 일으킬 수 있다. 우리가 먹는 음식에서 단백질만 골라 따로 섭취하는 것은 불가능하다. 근육을 키운다고 동물성 식품을 지나치게 많이 먹으면 동물성 식품에 함유된 다량의 콜레스테롤과 포화지방산도 함께 먹게 되기 때문이다. 최근에는 동물성 식품의 섭취를 줄이고, 우유에서 정제한 유청단백질이나 식물성 식품만으로 우리 몸에 필요한 대부분의 단백질을 섭취하는 사람이 늘고 있다.

식물성 단백질은 콩류, 견과류, 잡곡류로부터 얻을 수 있으며, 대개 필수 아미노산 9종을 모두 함유하고 있지 않아 불완전 단백질로 여긴다. 실제로 식물성 단백질의 대표 주자인 쌀 단백질과 대두 단백질은 각각 필수 아미노산 중 하나인 리신과 메티오닌을 극소량만 함유하고 있다. 그럼에도 식물성 단백질의 공급원인 콩류, 잡곡류, 견과류 식품은 대체로 동물성 식품에 비해 매우 낮은 콜레스테롤과 열량을 가지고 있기 때문에 심혈관계 만성질환을 겪는 사람에게 효과적인 단백질 공급원이 되기도 한다.

가장 대표적인 식물성 단백질은 대두, 즉 콩 단백질이다. 앞서 언급했듯이 대두 단백질은 필수 아미노산의 한 종류인 메티오닌의 함량이 매우 낮다. 그 대신 대두 단백질은 분자사슬 아미노산의 함량이 아주 풍부하다. 분자사슬 아미노산branched-chain amino acid, BCAA은 류신, 이소류신, 발린을 말하며 근육의 분해를 억제한다. 뿐만 아니라 대두 단백질을 꾸준히 섭취하면 심혈관질환을 유발하는 LDL 콜레스테롤 수치를 일정 수준 이하로 낮춘다고 밝혀졌다. 더욱이 노화 방지, 심혈관질환 예방, 골다공증 치료 등에 효과적이다. 그만큼 대두 단백질은 각종 질병 예방에 효과적인 식물성 에스트로겐의 거의 유일한 공급원인 데다 많이 함유하고 있어 관심도 높아지고 있다. 그럼에도 많은 남성은 식물성 에스트로겐이 근육 합성을 방해한다고 믿기 때문에 대두 단백질의 섭취를 제한한다. 다시 다루겠지만 이에 대해서는 크게 걱정할 필요가 없다.

단백질의 품질을 측정하는 지표, PDCAAS

단백질의 품질은 체내 단백질로부터 분해된 아미노산이 근단백질 합성에 얼마나 큰 영향을 주는지로 판별한다. 현재 단백질의 품질을 측정하는 가장 대표적인 지표는 1993년에 미국 식품의약국과 유엔 식량농업기구, 세계보건기구가 채택한 PDCAAS(단백질 소화율 교정 아미노산 점수)다. PDCAAS 지표는 단백질의 필수 아미노산 함량과 흡수율을 모두 고려해 채택한 지표로 현존하는 단백질 평가 방법 중 가장 신뢰할 수 있다.

특정 단백질원의 PDCAAS를 계산하는 공식은 다음과 같다. 여기서 기준 단백질은 미취학 아동에게 필요한 아미노산의 비율을 가진 단백질을 말한다.

특정 단백질의 PDCAAS

= (특정 단백질 1그램 내 제한 아미노산 양(밀리그램) / 기준 단백질 1그램 중 같은 아미노산 양(밀리그램)) X 용변 소화율(퍼센트)

다음 표는 대표적인 단백질 공급원의 PDCAAS 수치다. 표를 살펴보면 분리 대두 단백질이 완전 단백질로 알려진 우유, 유청단백질, 달걀의 PDCAAS 수치와 같다. 또한 단백질을 제외하고 대부분의 성분을 제거한 분리 대두 단백질의 PDCAAS 수치는 0.92퍼센트인 소고기보다 0.08퍼센트포인트 높다. 0.91퍼센트인 일반 대두 단백질도 소고기와 거의 같다. 따라서 PDCAAS 지표만 보면 대두 단백질이 소고기로부터 얻는 단백질과 근육 합성 면에서 비슷한 효과를 낸다고 생각할 수도 있다.

하지만 최근 연구결과에 따르면, 대두 단백질을 섭취했을 때보다 소고기를 섭취했을 때가 식후 근단백질 합성률이 더 높다. 다른 연구들에서도 비슷한 PDCAAS 수치를 가진 달걀과 우유, 분리 대두 단백질을 비교해보았다. 역시 분리 대두 단백질을 섭취했을 때보다 달걀과 우유를 섭취했을 때 근단백질 합성률이 더 높았다. 이에 따라 최근에는 PDCAAS 지표가 특정 단백질 공급원이 근육 합성에 얼마나 도움이 되

종류	PDCAAS(%)	종류	PDCAAS(%)
우유	1.00	대두 단백질	0.91
유청단백질	1.00	닭가슴살	0.91
달걀	1.00	완두	0.67
분리 대두 단백질	1.00	귀리	0.57
카제인	1.00	통밀	0.45
소고기	0.92		

는지 정확히 나타내지 못하며, 단지 사람의 단백질 결핍 상태를 예방하기 위한 단백질 섭취 기준만 제공할 뿐이라는 의견이 나오고 있다. 이제는 PDCAAS 지표를 보완하기 위해 단백질 공급원들의 식이 단백질의 소화율과 아미노산 흡수율을 기반으로 한 새로운 단백질 품질 지표가 필요하다.

단백질 품질 분류에 대한 새로운 접근법

단백질 품질 지표로서 새롭게 떠오르는 접근법이 식이 단백질 소화율과 아미노산 흡수율을 살펴보는 것이다. 식이 단백질의 소화율과 아미노산 흡수율은 식후 근단백질 합성률을 높이는 데 매우 중요한 역할을 한다. 식이 단백질 소화율은 식이 단백질을 통해 흡수된 아미노산이 근육 합성에 쓰일 수 있는 재료로 소화·분해되는 비율을 가리킨다. 일반적으로 동물성 단백질의 식이 단백질은 체내에서 소화·흡수되는 비율이 90퍼센트 이상이고, 가공 처리하지 않은 옥수수, 콩, 완두콩, 감자 같은 식물성 단백질의 식이 단백질 소화율은 45~80퍼센트 수준으로 동물성 단백질의 소화율보다 낮다. 다만 식이 단백질 소화율은 식품의 가공 방식에 따라 달라질 수 있으며, 실제로 완두콩 농축 단백질과 대두 분리 단백질의 식이 단백질 소화율은 90퍼센트가 넘는다.

식물성 단백질로부터 흡수되는 아미노산은 우유로부터 흡수되는 아미노산에 비해 체내 흡수율이 절대적으로 낮다. 식물성 단백질로부터 흡수되는 아미노산은 요소(오줌 속에 들어 있는 질소화합물)로 변환되어 배출될 확률이 매우 높기 때문이다. 이에 대한 메커니즘은 과학적으로 완벽히 입증되지는 않았지만, 상대적으로 부족한 식물성 단백질의 필수 아미노산 함량 때문이라는 가설이 주목받고 있다.

앞서 식물성 단백질은 동물성 단백질에 비해 필수 아미노산인 류신과 리신, 메티오닌의 함량이 낮다고 했다. 세계보건기구에서 제시한 기준에 따르면, 우리가 먹는 모든 단백질 공급원이 4.5퍼센트의 리신과 1.6퍼센트의 메티오닌으로 구성되어 있다면 그 양이 충분하다고 한다. 그런데 다음 표를 보면, 식물성 단백질은 대부분 리신과 메티오닌 중 최

분류	종류	필수 아미노산 분율	류신 분율	리신 분율	메티오닌 분율
식물성 단백질	스피룰리나	41	8.5	5.2	2.0
	진균단백질	41	6.2	6.7	1.5
	렌틸콩	40	7.9	7.6	0.9
	퀴노아	39	7.2	6.5	2.6
	검은콩	39	8.4	7.3	1.6
	옥수수	38	12.2	2.8	2.1
	대두	38	8.0	6.2	1.3
	완두콩	37	7.8	6.3	1.6
	쌀	37	8.2	3.8	2.2
	귀리	36	7.7	4.2	1.9
	삼	34	6.9	4.1	2.3
	감자	33	5.2	5.7	1.7
	밀	30	6.8	2.8	1.9
동물성 단백질	유청	52	13.6	10.6	2.3
	우유	49	10.9	8.6	2.7
	카제인	48	10.2	8.1	2.7
	소고기	44	8.8	8.9	2.5
	달걀	44	8.5	7.1	3.0
	대구	40	8.1	8.8	3.0
사람	근육	45	9.4	8.7	2.2

소 한 가지가 기준치보다 낮다. 또한 최근 연구들에서는 대부분의 식물성 단백질에서 식후 근단백질 합성에 가장 큰 영향을 준다고 알려진 류신의 수치도 매우 낮게 나타났다.

이에 반해 표에 있는 모든 동물성 단백질은 류신, 리신, 메티오닌을 일정 기준 이상 함유하고 있다. 특히 동물성 단백질의 대표 주자인 유청 단백질의 류신과 리신 수치는 그 어떠한 단백질 공급원의 수치보다도 높다. 따라서 식물성 단백질을 섭취해서 동물성 단백질 섭취와 비슷한 근단백질 합성 효과를 내려면, 식물성 단백질의 총 섭취량을 늘리거나 필수 아미노산을 추가해 섭취하는 방법이 있다.

식물성 단백질은 부작용이 없을까

사람들은 수십 년간 대두 단백질이 고품질 식물성 단백질을 공급한다고 생각해왔다. 요즘에는 대두 단백질이 함유한 특별한 영양 성분, 즉 식물성 에스트로겐인 이소플라본 때문에 더 큰 관심을 받고 있다. 하지만 이소플라본은 대두 단백질을 논란의 중심으로 내몰기도 했다. 남성이 이소플라본을 섭취하면 여성형 유방, 발기부전 등 부작용이 나타난다는 것이다.

이러한 주장이 전혀 근거가 없는 것은 아니다. 불임클리닉을 다니는 남성들을 대상으로 대두 단백질과 정액 속 정자 농도의 상관관계를 분석했더니 농도가 낮았다는 연구가 있다. 또 과도한 이소플라본 섭취가 60세 이상 남성들의 에스트로겐 수치를 높이고 여성형 유방을 유발

연구	연구기간	피험자 수	에스트로겐 수치 (섭취 이전)	에스트로겐 수치 (섭취 이후)
Tanaka 2009	3개월	18명	24.7±4.7	24.6±5.4
Hamilton-Reeves 2007	6개월	20명	67±4	69±3
Dillingham 2005	57일	35명	81.1	82.0
Gardner-Thorpe 2003	6주	19명	102.8	98.9
Higashi 2001	3주	12명	38.5±13.6	35.6±15.1

했다는 연구도 있다. 하지만 두 연구는 피험자를 선택하는 과정에서 선택 편향(불임클리닉 환자 및 60세 이상 남성)이 있었다.

위의 표는 남성의 이소플라본 섭취와 에스트로겐 수치의 상관관계를 분석한 연구들이다. 연구결과를 보면 둘의 상관관계가 매우 약하다는 것을 알 수 있다. 따라서 두 연구대로 대두 단백질이 여성화 부작용을 일으킨다는 사실은 정확하지 않다. 오히려 남성이 이소플라본을 섭취하면 좋다는 연구가 나오고 있다. 이소플라본은 혈압 수치 저하, 체내 혈당 조절, 전립선암 위험 감소, 콜레스테롤 수치를 적정 수준으로 유지하는 등 여러 가지 장점이 있다.

4 달걀을 하루에 한 개 이상 먹으면 성인병에 걸릴까?

고지혈증이나 제2형당뇨병 환자는 주의해야 하지만, 건강한 성인은 콜레스테롤을 많이 섭취해도 혈중 콜레스테롤 농도가 일정하므로 심혈관질환에 걸릴 위험이 높지 않다. 다만 달걀을 너무 많이 먹으면 살이 쪄서 그 자체로 심혈관질환을 유발할 수는 있다. 달걀이 고단백 식품인 만큼 소화율을 높이려면, 수란이나 삶은 달걀을 먹는 것이 좋다. 건강한 성인은 하루에 3개 이하로 먹는 것을 권장한다.

일하다가, 공부하다가, 운동이 끝난 후 출출해져 편의점을 서성이다 문득 감동란이 눈에 밟혀 걸음을 멈춘 적이 있을 것이다. 방금 막 삶아서 꺼낸 듯한 촉촉함과 적당히 자극적인 짭조름한 맛도 좋고, 야밤에 먹기 부담스럽지도 않은 이런 영양 간식이 또 있을까 싶다. 그런데 마음껏 달걀을 먹고 싶어도 특히 달걀노른자에 콜레스테롤이 많다는 점이 걸리곤 한다. 보디빌더 중에도 달걀흰자만 먹는 사람들이 있다던데, 달걀노른자를 많이 먹다가 고지혈증과 심혈관질환에 시달리지는 않을까 걱정되기 때문이다.

그러나 달걀을 많이 먹으면 건강에 안 좋다는 말은 대체로 틀린 말이다. 건강한 사람은 콜레스테롤을 많이 섭취해도 그만큼 콜레스테롤 합성과 흡수가 감소하여 혈중농도가 항상 일정하게 유지되고, 심혈관질환에 걸릴 위험도 높지 않다.

달걀과 혈중 콜레스테롤 농도

한국지질·동맥경화학회에 따르면, 국내 이상지질혈증 환자는 30세 이상 성인의 40퍼센트 정도에 해당하는 1,100만 명이다. 이상지질혈증은 혈청 속에 지방질이 많아 뿌옇게 흐려진 상태다. 혈중 콜레스테롤 농도가 1데시리터당 240밀리그램을 넘으면 이상지질혈증으로 보는데, 이 상태가 지속되면 동맥이 딱딱하게 굳는 동맥경화로 발전할 수 있다. 동맥경화 환자는 심근경색 발병률이 두 배, 뇌졸중 발병률이 다섯 배나 증가하며, 이는 전 세계 사망 원인 1위인 심혈관질환의 강력한 유발인자다. 예전에는 콜레스테롤 섭취가 동맥경화를 일으킬 수 있다고 여겼다. 국내외 학회에서는 '섭취한 콜레스테롤은 혈중 콜레스테롤의 25퍼센트 정도에 관여하므로 고콜레스테롤 식품의 섭취를 지양한다'는 이상지질혈증에 관한 지침을 내기도 했다.

그런데 최근 연구에서는 고콜레스테롤을 섭취해도 건강한 사람은 별 문제없다는 결과가 많다. 최근에 나오는 지침도 건강한 사람이 굳이 콜레스테롤 섭취를 줄일 필요는 없다고 권고하고 있다.

그동안 여러 연구를 통해 혈중 콜레스테롤 수치와 그 일부를 구성하는 LDL 콜레스테롤 수치가 높으면 심혈관질환에 더 취약해진다는 사실이 입증되었다. 하지만 해당 연구에 따르면, 콜레스테롤 섭취가 이러한 혈중 수치의 증가에 실질적으로 영향을 주는지는 명확한 연관성이 없다.

하루에 100밀리그램씩 콜레스테롤 섭취량을 늘리면서 혈중 콜레스테롤 수치를 측정한 연구가 있다. 체질적으로 콜레스테롤에 '민감한' 피험자 25퍼센트는 수치가 증가했지만, 75퍼센트의 '보통' 피험자는 많은 양의 콜레스테롤을 섭취해도 혈중 콜레스테롤 농도가 아주 약간 증가하거나 아무 변화가 없었다. 보통 피험자는 콜레스테롤 섭취량이 증가한 만큼 체내에서 콜레스테롤 흡수와 대사, 배설 상태가 변화하여 혈중 콜레스테롤 농도를 일정하게 유지하는 메커니즘이 정상적으로 작동했기 때문이다. 민감한 피험자는 특정 유전적 소인이나 생활습관 때문에 대사증후군 등 성인병을 가지고 있는 경우 혈중 콜레스테롤 수치에 문제가 나타날 수 있다. 이들은 콜레스테롤을 처리하여 내보내는 생체 메커니즘 어딘가에 문제를 가지고 있어 콜레스테롤을 많이 섭취한 만큼 혈중 콜레스테롤 농도가 높아지는 것이다.

달걀과 심혈관질환

서맨사Samantha B가 40개의 연구결과를 메타분석한 연구를 살펴보면, 건강한 성인이 고용량의 콜레스테롤을 섭취해도 관상동맥질환, 허혈성뇌질환, 출혈성뇌질환 등 심혈관질환 발병과 통계적으로 유의미한 연관성이 없었다. 오래전 연구들에서는 피험자에게 포화지방이 많이 든 고열량·고콜레스테롤 식품을 먹였는데, 이 식품이 심혈관질환 발병에 영향을 주었을 가능성이 높다. 연구결과에 영향을 줄 수 있는 요소를 억제하려면 포화지방과 총열량도 동일하게 맞춰주어야 정확한 실험이 될 수 있지만 잘못된 실험을 한 것이다. 실제로 한국지질·동맥경화학회의 '2018년 이상지질혈증 치료지침'에서도 고콜레스테롤혈증 환자가 아니라면 콜레스테롤 섭취를 줄인다고 해서 이익이 확실하지 않고, 오히려 식사의 질을 저하시킬 수 있다는 이유로 콜레스테롤 섭취를 제한하지 말라고 권고하고 있다.

달걀은 영양소가 골고루 들어 있는 완전식품이기에 많은 연구대상이 되었다. 린Lin X이 10여 년간 27만 5,434명의 데이터를 메타분석한 연구에서는 일주일에 달걀을 1개 이하로 먹은 집단과 7개 이상 먹은 집단을 비교해 심혈관질환, 허혈성심장질환, 뇌졸중 사망률을 살펴보았다. 연구결과 위험비가 각각 0.99, 0.92, 0.88로 통계적으로 유의미한 차이가 없었다. 오히려 달걀을 7개 이상 먹은 집단에서는 뇌졸중 발병률이 감소하기까지 했다. 장지영Jiyoung J이 한국인 9,000명을 대상으로 한 연구에서도 달걀 섭취량은 심혈관질환 발병과 통계적인 연관성이 없었다.

심지어 관상동맥질환이 있는 비만 환자들에게 6주간 매일 달걀 2개를 먹도록 한 연구에서도 혈관 기능을 반영하는 혈중 수치에 아무런 영향을 주지 않았다. 이처럼 달걀을 먹어도 건강한 성인은 물론이고, 심혈관질환 발병 위험이 높은 사람들의 상태를 악화시키기는커녕 좋은 쪽으로 향상시키기도 했다.

왜 이런 결과가 나온 걸까? 첫째, 콜레스테롤 섭취가 혈중 콜레스테롤 농도에 유의미한 영향을 주지 않는다는 앞서 말한 연구결과가 이 결과를 뒷받침한다. 둘째, 달걀은 영양소가 골고루 들어 있으면서도 다른 동물성 식품에 비해 포화지방의 비율이 낮은 편이다. 셋째, 달걀에는 루테인, 제아잔틴, 잔토필 카로티노이드와 같은 항산화물질이 풍부하다. 항산화물질이 혈관 내에 콜레스테롤이 침착되어 혈류 장애가 발생하는 죽상경화증을 완화하는 역할을 하는 것으로 추측하고 있다.

이처럼 달걀을 많이 먹는다고 건강에 큰 문제는 없다. 다만 하루에 80킬로칼로리(삶은 달걀 기준 1개) 이상 먹어서 살이 찌면 그 자체가 심혈관질환의 위험인자가 될 수 있다. 보디빌더가 아닌 건강에 어느 정도 관심이 있는 일반인이라면 하루에 3개 이하로만 먹는 것이 좋다.

주의해야 하는 사람들은 있다

그렇다고 해서 누구나 달걀을 마음껏 먹어도 된다는 뜻은 아니다. 분명 주의해서 먹어야 할 사람들도 있다. 2013년 메타분석 연구에 따르면, 제2형당뇨병 환자들이 있는 집단에선 하루에 달걀을 1개 먹는 집단이 일주일에 1개 이하로 먹는 집단보다 심혈관질환의 발병률이 평균 1.69배나 통계적으로 유의미하게 높은 것으로 나타났다. 반면 제2형당뇨병 환자들이 없는 집단에서는 달걀을 먹는 것과 심혈관질환 발병 사이에 전혀 연관성이 없었다.

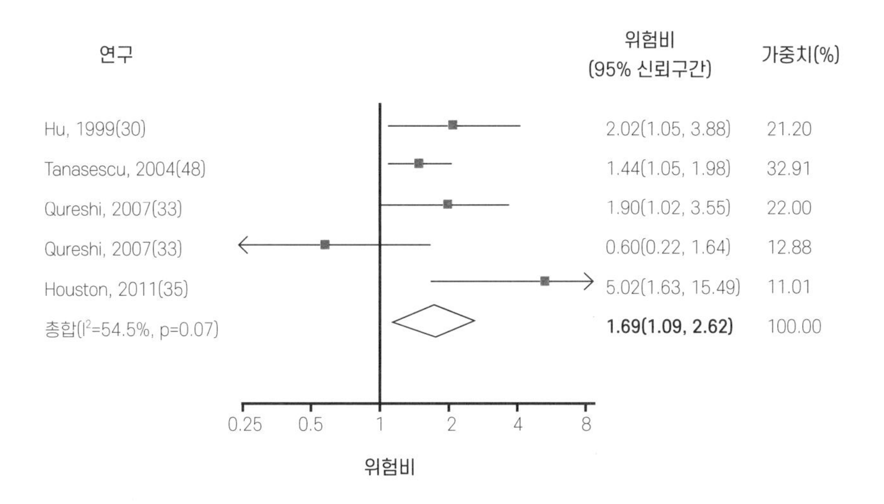

아쉬운 점은 이 연구가 2013년 이전의 자료들만을 토대로 이루어졌다는 것이다. 지금은 콜레스테롤과 질병 유발의 연관성에 대한 연구자들의 시선이 이 연구를 진행한 때와 달라졌음에도 최신 근거를 바탕으로 한 리뷰 논문이 아직 없다. 2019년의 최신 리뷰에서는 이 부분에 대해서 추가적인 연구가 더 필요하다고 언급했다.

달걀, 제대로 먹자

달걀은 대표적인 고단백 식품인만큼 단백질을 섭취하기 위해서 먹는 사람이 많을 것이다. 소장의 뒷부분인 회장 일부를 절개한 환자들을 대상으로 실험한 결과, 날달걀을 먹었을 때는 회장의 단백질 소화율이 51퍼센트인 반면 익힌 달걀을 먹었을 때는 소화율이 91퍼센트로 훨씬 높았다. 물론 건강한 일반인은 어떻게 먹든 95퍼센트 가까이 소화하겠지만 달걀을 익혀서 먹는 편이 조금이나마 낫다.

이 밖에도 익힌 달걀은 비오틴 등 다른 영양소의 흡수율이 높고, 더 맛있을 뿐만 아니라 식중독이 걸릴 가능성도 낮다. 또한 근육 합성이라는 목적을 달성하는 데도 더욱 유리하다. 따라서 익힌 달걀을 먹되 짧은 시간 동안 낮은 온도에서 익혀야 영양소 파괴가 덜하므로 수란이나 삶은 달걀 형태로 먹는 것이 가장 효율적이다.

5

술을 마시면 근육량이 줄어들까?

알코올이 근육 성장에 나쁜 영향을 미치는 것은 사실이므로 몸을 만들고자 하는 사람은 운동 후엔 술을 안 마시는 게 좋다. 술을 꼭 마셔야 할 경우 체중 1킬로그램당 0.5그램 미만으로 마시면 별다른 지장이 없다. 70킬로그램 성인 남성을 기준으로 하면 35그램 정도이므로 4.5도 맥주는 972밀리리터(500밀리리터 두 캔), 17.2도짜리 참이슬 후레쉬는 255밀리리터(약 다섯 잔)에 해당한다.

한여름 무더운 날 운동을 마치면 시원한 맥주가 생각날 때가 있다. 편의점 앞에서 발걸음을 옮기지 못하고 고민만 하다가 결국 고개를 저으며 집으로 터덜터덜 걸어간 적도 있을 것이다. 알코올이 근손실을 일으킨다는 말 때문이다. 어떻게 만든 몸인데 맥주 몇 잔으로 허무하게 없애버린단 말인가. 하지만 정말 몸을 만들기 위해서는 맥주 한 캔도 마시면 안 되는 걸까? 운동하는 사람은 오랜만에 만난 친구와 소주 한 잔도 마음 놓고 못 마시는 걸까?

알코올과 근손실과의 관계는 운동하는 사람들에게 꾸준한 관심을 받아왔다. 알코올이 근손실에 영향을 미친다는 사람들의 주장을 종합해 보면 근거는 크게 두 가지이다. 첫째, 술을 마시면 알코올 대사과정에서 신체의 탈수화가 진행되어 근육 합성을 방해한다. 둘째, 알코올을 해독하는 과정에서 지속적으로 간이 활동하기 때문에 단백질대사를 방해한다. 그래서 운동을 해서 근육이 파괴된 이후 회복하는 과정을 방해한다는 주장이다.

알코올이 근육 합성을 방해하는 메커니즘

알코올이 근육 합성에 미치는 영향은 단백질 번역 단계 억제, 류신 아미노산의 효과 저하, 호르몬 조절, 단백질 분해라는 메커니즘으로 설명할 수 있다.

첫째, 알코올은 단백질 번역 단계에서 mTORmammalian target of rapamycin 경로를 방해하는 역할을 한다. 단백질 번역 단계는 단백질의 합성 과정 중 DNA로부터 가져온 유전정보를 통해 아미노산 사슬을 형성하는 과정을 말한다. mTOR 경로는 그 과정에서 중심적 역할을 하는 조절 메커니즘이다. mTOR이라는 단백질은 단백질의 번역을 활성화시켜 단백질 합성을 늘린다. 그런데 알코올은 mTOR 경로의 활성도를 낮추어 단백질 생성을 막는다. 이것이 알코올이 근육 합성을 억제하는 가장 핵심적인 메커니즘이다.

둘째, 알코올은 류신 아미노산의 효과를 떨어뜨린다. 류신은 근단백질 합성을 촉진하는 신호를 유발하는 중요한 물질인데, 알코올은 이러한 류신의 효과를 눈에 띄게 감소시켰다. 결국 알코올의 저해 효과가 골격근의 근위축 효과로 나타난다.

셋째, 알코올은 근육 합성을 촉진하는 호르몬 중 하나인 인슐린 유사성장인자 1IGF-1의 혈중농도를 감소시킨다. 이러한 저해 효과는 단백질 합성에 필수적인 물질이 만들어지는 것을 방해함으로써 단백질의 합성을 억제한다.

넷째, 알코올이 불필요한 단백질을 분해하는 과정인 유비퀴틴-프로테아좀계ubiquitin-proteasome system 경로와 노폐물을 비롯하여 원하지 않는 세포 내 구조를 처리하는 자가소화작용의 활성도를 변화시키는 방법을 통해 근육 합성을 막는다는 이론도 있다. 하지만 아직은 더 많은 연구가 필요하다.

이렇듯 이론적인 근거들을 통해 알코올이 근육 합성을 방해한다는 유추가 가능하다.

알코올이 우리 몸에 미치는 영향

알코올은 근육 합성을 방해하는 것 말고도 우리 몸에 여러 가지 영향을 준다.

알코올이 몸에 미칠 수 있는 첫 번째 영향은 이뇨 작용이다. 알코올의 이뇨 작용은 탈수 현상을 유발한다고 알려져 있다. 그러나 탈수 현상

역시 음주 직후에 운동하는 것만 아니라면 금방 회복될 수 있으므로 운동 수행 능력에는 별다른 영향을 미치지 않는다. 뿐만 아니라 적은 양의 술은 마셔도 이뇨 작용이 나타나지 않는 것으로 알려져 있다.

알코올이 몸에 미칠 수 있는 두 번째 영향은 글리코겐 보충과 관련 있다. 근섬유의 에너지원은 글리코겐 형태로 저장되는 탄수화물이다. 알코올이 간에서 글리코겐이 합성되는 단계나 근육에서 글리코겐이 사용되는 단계를 방해한다는 것이다. 다만 지금까지 이루어진 연구들에서는 크게 유의미한 영향을 미치지 않는 것으로 보인다.

알코올이 몸에 미칠 수 있는 세 번째 영향은 호르몬 변화다. 알코올은 호르몬 분비에 영향을 주어 수면의 질부터 심혈관 기능에 이르기까지 매우 폭넓은 변화를 일으킨다. 특히 남성의 경우 남성호르몬 분비를 방해하여 근육 성장이나 골밀도에 부정적인 영향을 준다. 운동 후에는 에너지원으로 쓸 혈당을 높이기 위해 코르티솔 호르몬의 분비가 촉진된 상태이다. 코르티솔 호르몬은 혈당량을 높이기 위해 근육에서 단백질을 분해하는 당신생 과정을 촉진시킨다. 하지만 소량의 음주는 오히려 남성호르몬의 분해 과정을 억제해 남성호르몬 농도를 증가시킨다는 상반되는 연구결과도 있다.

아직은 알코올이 몸에 미치는 영향에 대한 확실한 근거가 부족한 편이다. 하지만 근육 합성을 방해하는 것은 확실하기에 전반적으로 연구결과가 부정적이다. 따라서 근육을 효율적으로 성장시키고 싶다면 일단 술은 자제하는 것이 좋다.

적게 마셔도 근손실이 올까

알코올 섭취가 근육 합성과 우리 몸에 영향을 주는 것은 맞다. 근손실을 두려워하며 술을 멀리하려는 사람들의 주장이 사실이다. 그런데 소량의 술을 마시는 것도 근손실로 이어질까? 소량의 알코올이 근육 합성에 미치는 영향에 관한 연구로는 2011년 반즈Barnes MJ의 논문이 대표적이다.

이 연구는 정기적으로 운동하는 건강한 성인 남성 10명에게 실험 시작 48시간 전, 실험 종료 후 60시간 이내에는 음주와 운동, 약 복용, 마사지, 스트레칭 등 근육 회복에 영향을 줄 만한 행위를 금지시킨 상태에서 시작했다. 피험자는 모두 동시에 표준화된 식사를 하고 4시간 후에 대퇴사두근의 회전력 등 골격근의 성능을 측정했다. 그 뒤 5분간 사이클을 통한 워밍업을 하고 운동했다. 운동은 레그 익스텐션 같은 신장성수축 운동을 1세트당 100회씩, 쉬는 시간을 5분씩 주면서 총 3세트 실시했다. 운동 후에는 표준화된 식사와 함께 무작위로 어떤 피험자에게는 실험군으로 체중 1킬로그램당 0.5그램의 보드카를 섞은 오렌지주스를 마시도록 하고, 어떤 피험자에게는 대조군으로 무알코올 음료를 마시도록 했다. 이후 운동 36시간 후와 60시간 후에 골격근의 성능을 다시 측정했다.

그 결과 36시간째와 60시간째에서 실험군과 대조군 모두 운동을 하기 전과 비교했을 때는 골격근 성능에 유의미한 차이가 있었지만 ($p<0.05$), 각 시간대에서 실험군과 대조군의 골격근 성능에는 유의미한 차이가 없었다($p>0.05$). 그러나 같은 연구자가 알코올 양을 체중 1킬로그램당 1그램으로 늘려 같은 방법으로 진행한 다른 연구에서는 실험군과 대조군의 골격근 성능에 유의미한 차이가 있었고, 그 차이는 36시간째에 가장 크게 나타났다. 근육 성장이 운동으로 근육이 손상된 후 회복 과정에서 일어나는 만큼 골격근 성능의 회복이 느려진다는 것은 근육 성장이 뒤처진다는 의미이다.

소량의 알코올 섭취가 정말 근육 성장에 어떤 영향도 주지 않는지는 성별에 따른 차이, 연령에 따른 차이를 무시할 수 없다. 확실하게 입증하기 위해서는 앞으로 더 많은 연구가 시행되어야 한다.

앞에서 알코올이 근육 합성에 미치는 나쁜 영향에 대한 이론적인 근거를 확인했다. 하지만 실제 연구에서 알코올을 섭취한 후 근육 회복 정도를 측정했을 때 소량의 알코올 섭취는 별다른 영향을 미치지 않는다는 것을 알 수 있다. 근육 합성에 유의미한 영향을 미치지 않는 소량의 알코올이 얼마인지 구체적으로 정의하려면 추가 연구가 필요하지만, 앞서 다룬 연구만 본다면 체중 1킬로그램당 0.5그램 정도의 술은 마음 놓고 마셔도 될 것이다.

PART 3

몸만들기 실전,

운동의 모든 것

1

근육 해부학을 알아두면 무엇이 좋을까?

운동을 통해 얻고자 하는 것은 건강한 삶, 예쁜 몸매, 체력 증진 등 다양하지만, 요즘은 특히 근육의 크기를 키우기 위해 웨이트 트레이닝을 하는 사람들이 많다. 웨이트 트레이닝을 하다 보면 이 운동이 어떤 근육을 어떻게 자극하는지, 원하는 근육을 제대로 자극하는지 등 내 몸의 근육에 대해 궁금해질 때가 있다. 실제로 근육의 위치나 모양, 운동성을 이해하면서 운동하면 효과가 더욱 커진다.

우리 몸에서 근육은 무슨 일을 할까? 간단히 말해 근육이 없으면 우리는 안정적으로 움직이거나 자세를 유지할 수 없다. 공장에서 볼 수 있는 로봇 팔이나 우리나라의 휴머노이드 로봇 휴보HUBO의 움직임을 떠올려보자. 로봇은 관절 부위에 장착한 모터를 통해 관절을 움직이고 작업을 수행한다. 반면 사람의 관절은 모터 대신 근육이 고무줄처럼 늘거나 줄면서 움직인다. 근육이 단순히 움직이는 역할만 하는 것은 아니다. 적당한 힘으로 뼈를 잡아줌으로써 관절의 안정성을 유지하는 역할도 한다.

근력운동을 할 때 휘청이지 않고 안정적인 자세로 힘을 쓰며 운동할 수 있는 이유는 바로 근육이 제 역할을 잘하고 있기 때문이다. 헬스장 트레이너나 운동 유튜버들이 일일이 근육의 위치와 이름을 말하면서 세세하게 설명하는 것은 아는 척하기 위해서가 아니다. 근육 해부학과 그 작용을 알고 있어야 올바른 자세를 유지하면서 부상당하지 않고, 자신이 키우고 싶은 특정 근육에 정확하게 자극을 주어 좀 더 효율적으로 운동할 수 있기 때문이다.

알아두면 좋은 해부학 용어

해부학에는 워낙 낯선 용어가 많이 등장하다 보니 처음 접하면 어렵게만 느껴진다. 이 책에서는 그렇게 두려워할 필요가 없다. 우리가 즐겁게 운동하는 데 꼭 필요한 용어만 알아두면 되니까 말이다. 먼저 이 낯선 용어들을 팔을 굽히는 움직임을 통해 간단히 알아보자.

근육은 고무줄처럼 늘어났다가 줄어들면서 우리 몸의 움직임을 만들어낸다. 그리고 적절한 무게감, 즉 저항으로 근육의 수축 작용을 반복하면서 근육을 단련시키는 것이 근력운동의 핵심이다. 이러한 움직임을 만들어내려면 근육의 양 끝이 서로 다른 뼈의 어딘가에 고정되어 있어야 한다. 어딘가에 고정되어 있지 않다면, 근육은 혼자서 길이가 늘어났다가 줄어들 뿐 관절의 움직임까지 만들어내지는 못한다. 관절을 기준

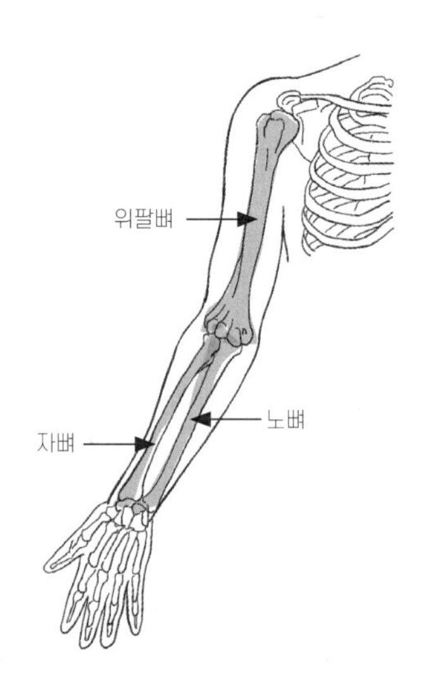

으로 서로 맞은편에 고무줄이 고정된 상태에서 고무줄이 수축하면 관절이 접히면서 고무줄이 고정된 양 끝점이 가까워지고, 늘어나면 양 끝점이 멀어질 것이다.

이 고정된 양 끝점을 해부학 용어로 이는곳origin과 닿는곳insertion이라고 한다. 이는곳은 근육의 시작점을, 닿는곳은 근육이 끝나는 지점을 말한다. 근육의 수축을 설명할 때 중요한 용어다. 근육이 수축할 때 근육의 모습을 보면 이는곳은 고정되어 있고, 닿는곳이 이는곳 쪽으로 가까워지는 움직임이 일어난다. 운동할 때 부상을 막고 목표하는 근육을 최대한 쓰기 위해서는 이러한 근육이 수축하는 원리에 따라 자연스럽게 동작을 수행해야 한다. 즉 이는곳은 최대한 고정하고 닿는곳만 움직이도록 해야 하는 것이다.

근육을 공부할 때는 작용, 이는곳, 닿는곳, 신경, 혈관 다섯 가지를 한 세트로 알아야 한다. 신경은 로봇 팔의 전선 혹은 회로 역할을 하는 구조로 뇌에서 내린 명령을 근육에 전달한다. 로봇 팔이 움직이려면 전기에너지가 필요하듯 근육도 움직이려면 영양분과 산소가 필요하다. 따라서 근육에 영양분과 산소를 공급해주는 동맥과 근육의 운동 과정에서 생긴 노폐물을 회수해가는 정맥이 필요하다.

앞서 설명한 해부학 용어를 팔을 굽히는 동작에 적용해보자. 먼저 팔에는 골격이 되는 뼈 3개가 있다. 팔은 크게 몸통 쪽에 가까운 어깨와 팔꿈치 사이 위팔, 팔꿈치와 손목 사이 아래팔로 구분된다. 위팔에는 어깨뼈에 연결된 위팔뼈humerus 1개가 있고, 아래팔에는 아래팔뼈인 노뼈ulna와 자뼈radius 2개가 있다. 상상이 잘 안 된다면 우리가 사랑하는 음식인 치킨과 버펄로 윙을 떠올려보자. 치킨 부위 중 다리보다 작지만 비슷하게 생긴 닭봉은 뼈가 하나다. 이 닭봉이 위팔에 해당하는 부분이다. 닭날개 부분은 뼈가 2개인데 아래팔에 해당한다.

우리가 팔꿈치를 굽히는 움직임을 하려면 위팔뼈나 좀 더 위쪽인 어깨뼈에 이는곳이 있고, 아래팔뼈에 닿는곳이 있는 근육이 있어야 수축하면서 팔꿈치 관절이 굽을 것이다. 이때 수축하는 근육이 이두근biceps brachii과 상완근brachialis muscle이다.

이두근과 상완근의 작용

근육의 이름은 모양, 위치, 기능에 따라 붙였기 때문에 생각보다 이름에서 많은 정보를 얻을 수 있다. 이두근은 한자 그대로 머리가 2개인 근육이라는 뜻으로, 해부학적으로는 근육의 시작점인 이는곳이 2개라는 의미이다. 이두근의 두 이는곳 중 하나는 어깨뼈 관절 위 결절에, 하나는 어깨뼈 오구돌기에 붙어 있고 닿는곳은 아래팔뼈 중 노뼈에 붙어 있다. 그래서 이두근이 수축하면 팔꿈치 관절을 굽힐 수 있는 것이다. 사실 이두근은 이는곳이 두 군데이고 위팔뼈와 직접 연결되어 있지 않은 만큼 단순히 팔을 굽히는 것 말고도 작용 결과가 조금 복잡하다. 정확하게는 이두근이 수축하면 아래팔과 어깨가 바깥으로 돌아가고, 팔꿈치와 어깨가 굽혀지는 것이다.

상완근은 이두근과 비슷하지만 조금 다르게 작용하는 근육이다. 상완근은 이두근 아래에 위치한 팔꿈치를 굽히는 주된 근육이다. 상완근의 이는곳은 어깨뼈가 아닌 좀 더 팔꿈치에 가까운 위팔뼈이다. 그리고

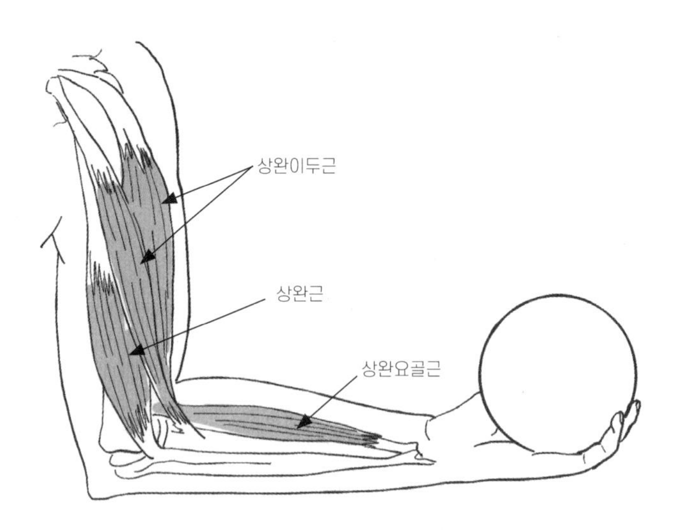

닿는곳도 이두근과 달리 자뼈라서 상완근이 수축할 때는 위팔뼈와 아래 팔뼈가 가까워지는, 즉 팔꿈치 관절이 굽는 작용만 나타난다.

이두근과 상완근을 자극하는 운동

근육 해부학의 기본 개념과 원리를 운동에 적용해보자. 팔꿈치를 굽히게 해주는 근육은 이두근과 상완근이라고 했는데, 그렇다면 우리가 흔히 말하는 알통(이두근)을 키우려면 어떤 운동을 해야 할까? 이두근과 상완근이 저항을 느끼는 동작을 수행하면 될 것이다. 이러한 운동이 덤벨컬dumbbell curl이나 바벨컬barbell curl이다. 컬curl은 영문 뜻 그대로 구부

리는 동작을 의미하며, 덤벨이나 바벨같이 무게감 있는 기구를 사용하여 근육에 저항을 주면서 동그랗게 말아 구부리는 동작이다. 해부학적 용어로 표현하면 이두근과 상완근을 수축시키면서 근육의 이는곳에 닿는곳이 가까워지는 운동이다.

덤벨컬이나 바벨컬을 할 때는 어깨와 위팔을 잘 고정하여 이두근과 상완근의 이는곳이 움직이지 않도록 한 상태에서 닿는곳인 아래팔을 굽히는 것이 올바른 자세다. 또한 이두근은 굽히는 작용뿐 아니라 아래팔을 바깥으로 돌리는 작용도 하기 때문에 팔을 굽히는 동작 마지막에 아래팔만 바깥으로 돌리는 힘을 주면 이두근에 조금 더 자극을 줄 수 있다.

근력운동을 할 때는 근육이 수축하는 원리에 따라 이는곳을 고정한 채 닿는곳이 이는곳에 가까워지도록 동작을 수행하는 것이 좋다. 이러한 동작은 근육에 효과적으로 자극을 줄 수 있을 뿐 아니라 부상을 방지한다. 이렇게 근육 해부학을 이해한 후 운동하면 해당 근육에 자극을 잘 줄 수 있는 운동과 올바른 자세를 쉽게 이해할 수 있다.

광배근과 광배근을 자극하는 운동

광배근latissimus dorsi 또는 넓은등근이라고 부르는 근육은 이름에서도 알 수 있듯이 등에 있는 넓고 납작하게 생긴 근육으로, 등 아래쪽에서 시작해 위로 올라가면서 점점 좁아지며 위팔뼈에서 끝난다. 마치 등에 날개처럼 펼쳐져 있어 넓은 등을 갖고 싶다면 반드시 키워야 하는 근육이다.

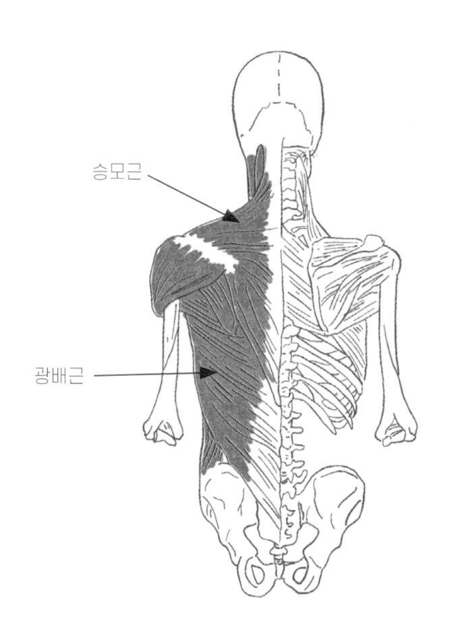

해부학적으로 설명하면 광배근의 이는곳은 여섯 번째 등뼈부터 다섯 번째 허리뼈로 척추 아랫부분과 골반에 붙는다. 또 닿는곳은 위팔뼈의 안쪽 면이다. 따라서 광배근이 수축하면 닿는곳인 위팔이 이는곳인 척추와 골반에 가까워지며 위팔이 뒤로 당겨지고, 겨드랑이 쪽으로 모이고, 안쪽으로 회전한다. 위팔을 뒤로 보내는 것을 해부학 용어로 '어깨관절의 펴짐'이라고 한다.

바벨을 든 상태에서 위팔을 뒤로 당기고, 겨드랑이 쪽으로 모으며, 안으로 회전하는 동작이 바로 광배근에 자극을 주는 근력운동이다. 이러한 운동으로는 내 몸의 무게를 이용하여 팔을 뒤로 당기며 겨드랑이 쪽으로 모아주는 턱걸이pull up나 랫풀다운lat pull down 등이 있다. 그 밖에도 팔을 편 상태에서 뒤로 당기는 스트레이트 암풀다운straight arm pull down이나, 팔을 굽히며 뒤로 당기는 덤벨로dumbbell row와 바벨로barbell row 역시 광배근에 자극을 줄 수 있는 좋은 운동이다.

턱걸이 랫풀다운

스트레이트 암풀다운

덤벨로

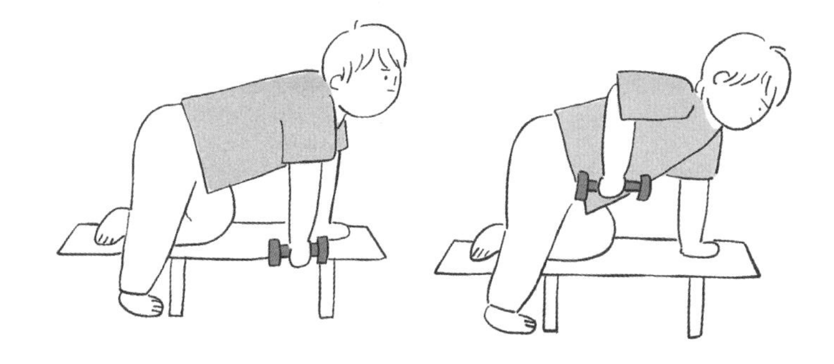

바벨로

대흉근과 대흉근을 자극하는 운동

대흉근pectoralis major muscle 또는 큰가슴근은 이름 그대로 가슴 부위의 근육 중에서 가장 큰 근육이다. 바깥쪽에 있는 근육으로 쇄골과 가슴 중앙 부분에서 시작해 위팔뼈에 붙는다. 해부학적으로 설명하면 이는 곳은 쇄골 안쪽과 복장뼈, 첫 번째부터 일곱 번째 갈비연골의 앞면이고, 닿는곳은 광배근과 비슷하게 위팔뼈의 안쪽 면이지만 광배근보다 약간 앞쪽에 있다. 따라서 이 근육이 수축하면 위팔이 가슴의 중앙 부위에 가까워지는 동작이 일어난다. 위팔을 앞으로 들고 겨드랑이 쪽으로 모아 안쪽으로 회전시키는 동작이다. 위팔을 앞으로 드는 것을 해부학 용어로 '어깨관절의 굽혀짐'이라고 한다.

대흉근은 위팔을 겨드랑이 쪽으로 모아 안쪽으로 회전시킨다는 점에서 광배근의 작용과 비슷하고, 실제로 이러한 동작을 할 때 같이 작용한다. 하지만 대흉근은 어깨관절을 굽히는 작용을 하고 광배근은 어깨관절을 펴는, 서로 반대되는 작용도 한다. 이렇게 서로 반대로 작용하는 근육을 길항근이라고 한다.

대흉근에 자극을 줄 수 있는 근력운동에는 무엇이 있을까? 팔을 앞으로 미는 벤치프레스bench press나 덤벨프레스dumbbell press가 대표적이다. 그 밖에 팔을 모으는 버터플라이butterfly도 대흉근에 자극을 줄 수

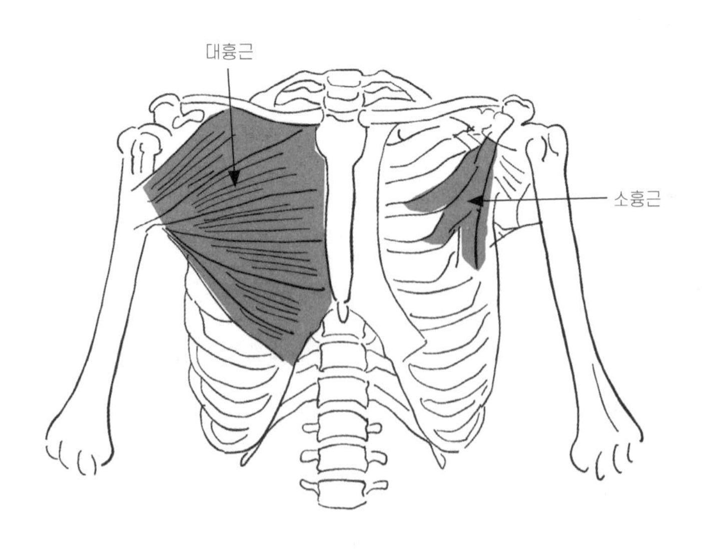

있다.

특히 이렇게 대흉근을 자극하는 운동을 할 때는 길항근인 광배근도 같이 활성화되면서 동작을 할 때 어깨관절을 안정화시킨다. 앞서 근육은 관절을 움직일 뿐 아니라 적절한 힘으로 관절 부위를 잡아주며 안정화하는 역할도 한다고 설명했다. 광배근은 대흉근과 함께 위팔을 겨드랑이 쪽으로 모으고, 안쪽으로 회전시키는 작용을 통해 어깨관절을 안정적으로 잡아준다. 이 때문에 벤치프레스를 할 때 광배근에 힘을 주면서 등에 아치를 만들어주면 어깨관절의 안정화를 통해 운동 중 부상을 방지할 수 있다.

버터플라이

대둔근과 대둔근을 자극하는 운동

대둔근gluteus maximus muscle 또는 큰볼기근이라 부르는 근육은 엉덩이에 위치하며, 우리 몸에서 가장 크고 가장 강력한 근육 중 하나다. 대둔근은 허벅다리를 뒤로 보내는 역할을 하는데, 해부학 용어로는 '엉덩관절을 편다'고 표현한다. 대둔근은 다리를 골반에 안정적으로 잡아주는 역할도 한다.

대둔근 아래에는 중둔근과 소둔근이라는 근육이 위치한다. 이 두 근육은 우리가 안정적으로 걷는 데 아주 중요한 근육이다. 우리가 두 다리를 땅에 대고 서 있을 때는 양쪽 다리로 힘이 분산되면서 골반이 수평

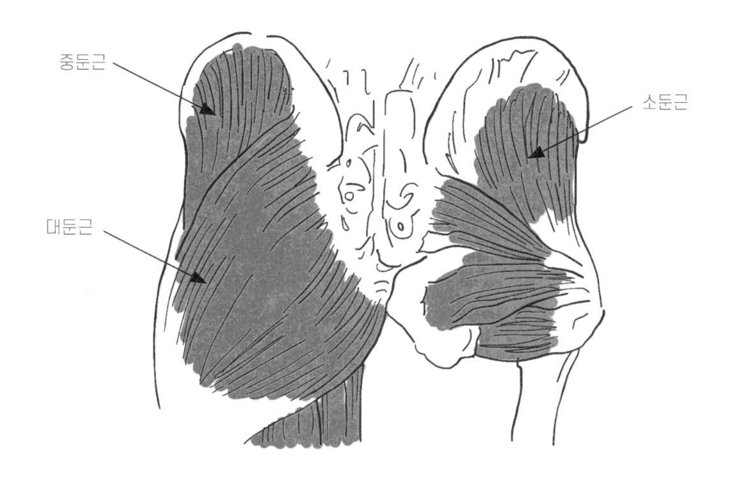

을 유지할 수 있다. 하지만 걷기 위해 한쪽 다리를 들면 반대쪽 다리로만 체중을 버티게 되고, 땅에 디딘 반대쪽으로 골반이 기울어져 안정적인 자세를 유지하기 힘들다. 이를 막기 위해 중둔근과 소둔근이 번갈아 수축하며 땅에 디딘 쪽으로 골반을 기울게 하여 균형을 잡아 넘어지는 것을 막아준다.

이렇듯 대둔근과 중둔근, 소둔근은 걸을 때 아주 막중한 역할을 하며, 골반 부위의 안정화에도 중요하게 작용한다. 근육이 약해지거나 문제가 생겨 이러한 기능이 제대로 작동하지 못하면 골반과 허리 부위의 통증을 유발할 수도 있으므로 항상 적절한 운동이 필요하다.

대둔근을 자극하는 대표적인 운동으로는 스쿼트squat, 힙스러스트hip thrust, 런지lunge 등이 있다. 모두 엉덩관절 부분에서 허벅다리를 펴는 과정, 즉 허벅다리를 뒤쪽으로 보내는 동작에서 힘을 쓰게 되는 운동들이다. 이러한 운동을 할 때는 양쪽 균형을 잘 맞춰서 운동으로 인한 몸

스쿼트

힙스러스트

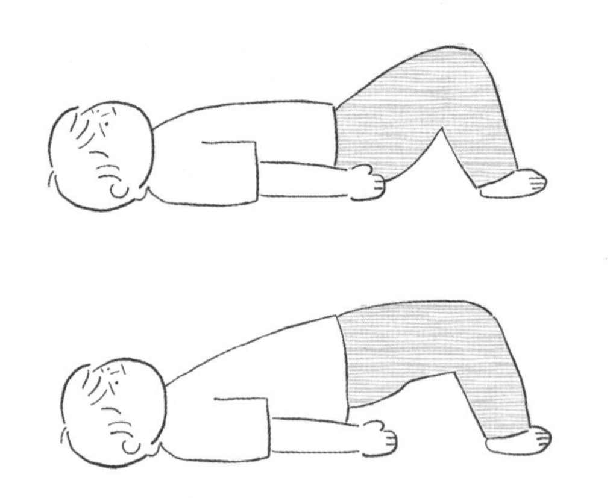

런지

클램셸

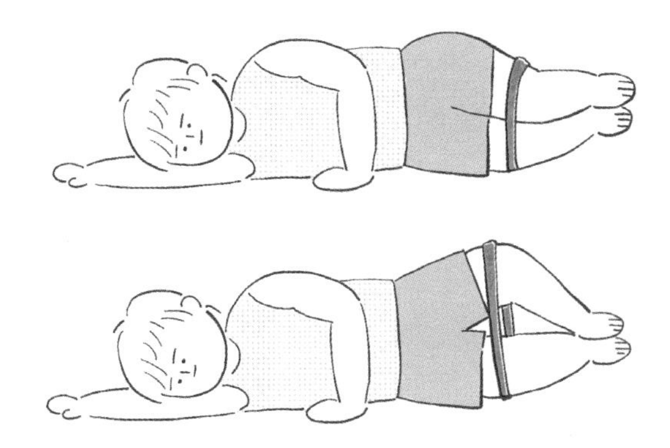

사이드 레그레이즈

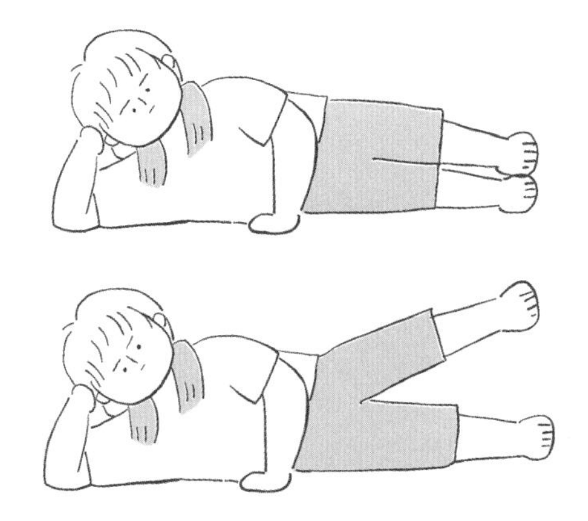

동키킥

의 불균형이 생기지 않도록 한다.

중둔근과 소둔근은 다리가 바깥쪽으로 벌어질 때 사용하는 근육이다. 골반 옆쪽이 움푹 꺼지는 현상인 히프딥hip-deep을 없애고 애플히프를 만들기 위해서는 중둔근 운동을 통해 히프딥 부위의 근육을 발달시켜야 한다. 중둔근과 소둔근은 따로 구분하지 않고 함께 운동할 수 있다. 대표적인 운동으로는 조개가 여닫는 모습을 본뜬 클램셸clamshell, 옆으로 누워 다리를 들어 올리는 사이드 레그레이즈side leg raise, 당나귀가 뒷발을 차는 모습을 닮은 동키킥donkey Kick이 있다. 동키킥의 경우 다리를 지나치게 올리면 허리에 무리가 가기 때문에 중둔근이 수축될 정도로만 올리도록 한다. 대둔근, 중둔근, 소둔근은 함께 자극되기 때문에 대둔근 운동을 병행하는 것이 좋다.

근육의 수축 원리를 알면 근력운동이 쉬워진다

이 밖에도 우리 몸에 있는 수많은 근육은 모두 근육이 수축할 때 근육의 이는곳과 닿는곳이 가까워지는 작용을 한다. 따라서 근력운동을 하고 싶다면, 목표한 근육이 온전히 수축할 수 있도록 이는곳이 흔들리지 않게 고정한 상태에서 동작을 수행해야 한다. 그래야만 불필요한 근육을 사용하거나 관절이 무리하는 것을 예방할 수 있다. 목표한 근육의 이는곳과 닿는곳이 어디인지, 어떤 방향으로 움직여야 닿는곳이 이는곳에 다가가는 동작이 되는지 등 해부학에 대한 기본적인 이해가 있다면 효율적으로 근력운동을 하는 데 큰 도움이 될 것이다. 방대한 해부학 지

근육	작용	운동
이두근	1 팔꿈치를 굽힘 2 아래팔을 바깥으로 돌림 3 어깨를 굽히고 바깥으로 돌림	덤벨컬, 바벨컬 등
광배근	1 팔을 뒤로 당김(어깨관절을 폄) 2 위팔을 모으고 안으로 돌림	턱걸이, 랫풀다운 바벨로, 덤벨로 스트레이트 암풀다운 등
대흉근	1 팔을 앞으로 밈(어깨관절을 굽힘) 2 위팔을 모으고 안으로 돌림 3 위팔을 안으로 회전	벤치프레스, 덤벨프레스 버터플라이 등
대둔근	1 허벅다리를 뒤로 보냄(엉덩관절을 폄) 2 엉덩관절을 안정시켜줌	스쿼트, 힙스러스트, 런지 등
중둔근, 소둔근	1 허벅다리를 옆으로 보냄 2 고관절을 안정시켜줌	클램셸, 사이드 레그레이즈, 동키킥 등

식 전부를 알아야 할 필요는 없다. 자신이 키우고 싶은 근육만이라도 선택해 그 근육의 작용을 이해한다면 운동 실력이 한층 더 향상될 것이다.

2 근육이 아파도 계속 운동해야 할까?

운동을 하다 보면 운동할 때 일어난 근육 손상 때문에 운동 후에도 통증이 지속되는 지연성 근육통이 생길 수 있다. 통증이 있는 상태에서 운동을 계속하면 부상당할 수 있으므로 해당 근육의 운동은 하지 않는 것이 좋다. 더욱이 운동 후 근육이 성장하려면 충분한 휴식도 필요하다. 근육을 펴는 스트레칭은 지연성 근육통 완화에 별다른 효과가 없으므로 해당 근육을 자극하는 마사지를 해주는 것이 가장 효과적이다.

헬스장에 가는 대부분은 크게 두 가지 목적을 가지고 근력운동을 한다. 하나는 운동의 가장 큰 목적인 건강한 몸을 만드는 것이고, 다른 하나는 아름다운 몸을 만드는 것이다. 이 중 아름다운 몸을 만드는 데 중요한 문제는 '어떻게 하면 더 효과적으로 크고 균형 있는 근육을 성장시킬까' 하는 것이다. 흔히 아픈 만큼 성장한다고 하지만, 오직 노력만으로 근육을 성장시키는 데는 한계가 있다. 꾸준히 노력하고 있는데도 좀처럼 변화하지 않는 자신의 모습을 보면 금세 지쳐서 중도에 포기하기 쉽다.

이 문제의 적절한 해답을 찾으려면 다음 세 가지 질문에 대해 고민해보아야 한다. 첫째, 우리가 할 수 있는 근력운동에는 어떤 종류가 있을까? 둘째, 근육 성장(근비대)은 어떤 메커니즘을 통해 이루어질까? 셋째, 어떤 종류의 운동을 어떤 방법으로 해야 효과적으로 근육을 성장시킬 수 있을까?

근수축운동도 여러 가지

근육은 신경의 자극에 따라 수축과 이완을 하며 근력을 발달시키고 우리 몸의 움직임을 만들어낸다. 근력운동을 할 때 근육이 수축하기 때문에 근력운동을 '근수축운동'이라고 부르기도 한다. 우리에게 매우 익숙한 맨몸운동인 팔굽혀펴기, 턱걸이, 플랭크 그리고 기구를 사용하는 운동인 레그 익스텐션, 랫풀다운 등은 모두 근수축운동이다. 근수축운동에는 크게 세 가지 종류가 있다. 플랭크처럼 관절의 움직임 없이 근육의 길이가 일정하게 유지되는 등척성수축isometric 운동, 스쿼트처럼 근육의 길이는 변하지만 근육에 걸리는 하중이 일정한 등장성수축isotonic 운동, 주로 재활운동 장비에서 볼 수 있으며 근육의 길이와 걸리는 하중은 모두 변하지만 수축 속력이 일정한 등속성수축isokinetic 운동이다.

다음 표와 같이 헬스장에서 하는 운동은 대체로 등장성수축 운동이다. 대부분의 맨몸운동은 체중이라는 일정한 하중을 이기는 것이고, 헬

	등척성	등장성	등속성
정의	근육의 길이가 일정	하중이 일정	수축 속력이 일정
예시	플랭크	스쿼트, 풀업, 랫풀다운	바이오덱스(BIODEX) 활용 운동
특징	관절에 부담이 없어 재활 운동으로 많이 활용	헬스장에서 하는 대부분의 기구 운동에 해당하며 가장 많이 하는 운동	일정한 속력을 유지하기 위해 특수한 장비가 필요하므로 비용이 많이 들고, 재활에 활용

스장에서 하는 운동도 몇 킬로그램의 운동기구를 사용할 것인지 일정하게 설정해놓으니 말이다.

등장성수축 운동도 크게 단축성수축concentric contraction과 신장성수축eccentric contraction으로 나뉜다. 단축성수축은 근육이 짧아지며 코어라고 불리는 몸통 부위를 향해 수축이 일어난다. 단축성수축에는 주로 근육을 크게 키우고 싶을 때 발달시키는 백근(벌크형 근육)이 사용된다. 신장성수축은 근육이 길어지고 코어와 멀어지는 방향으로 수축이 일어나며, 수축 시간을 늘려주면 그에 비례해 근섬유를 파괴시켜 근육이 성장할 수 있다.

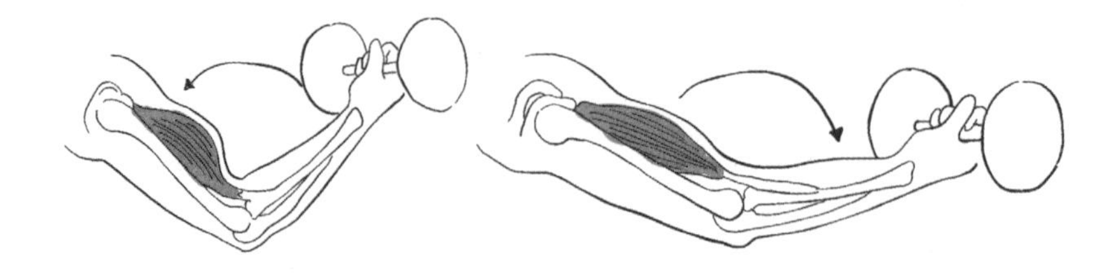

단축성수축 신장성수축

근육은 어떤 원리로 커질까

근력운동은 어떤 원리로 근육을 성장시키는 것일까? 학창 시절 생물 시간에 배웠던 근육 수축의 원리를 떠올려보자. 근육 수축의 과정은 근 활주설sliding theory로 설명할 수 있다. 아래 그림을 보면 근육은 많은 근원섬유로 구성되어 있고, 근원섬유는 액틴actin과 미오신myosin이라는 근잔섬유로 구성되어 있다.

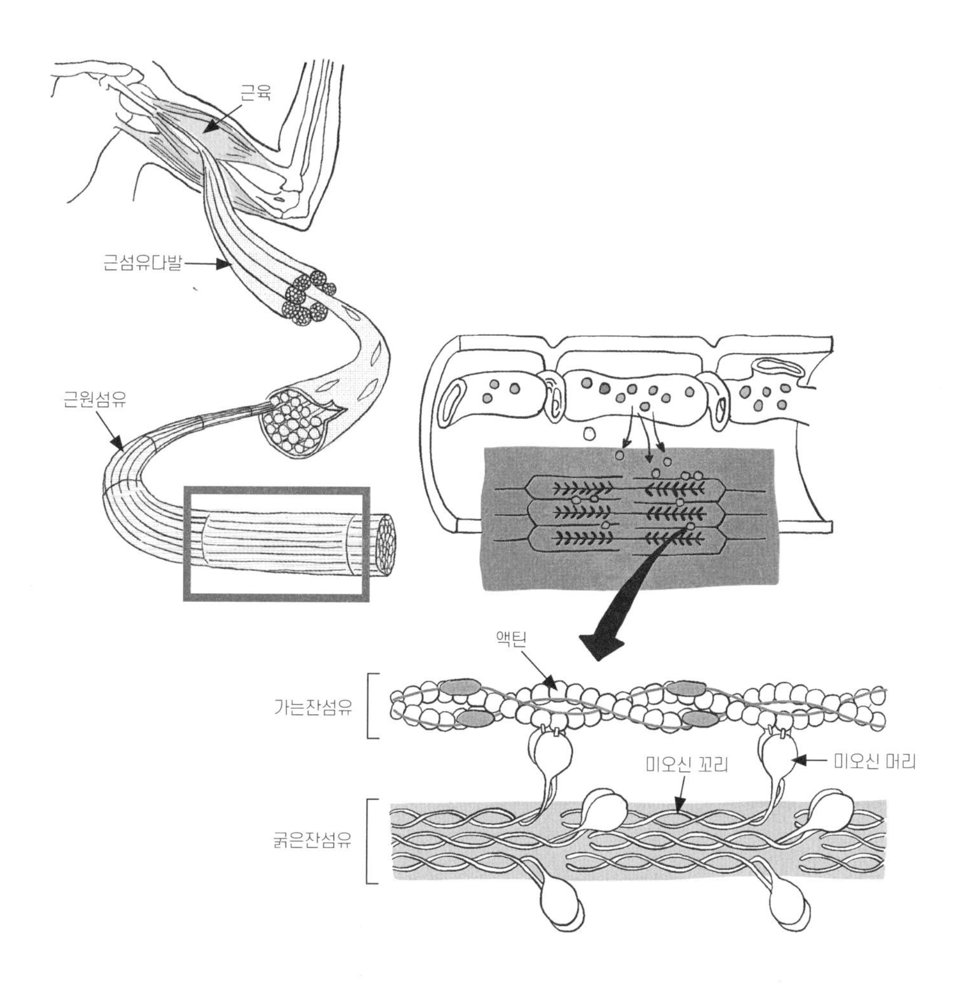

근 활주설은 근육 수축이 이 액틴 단백질과 미오신 단백질 사이의 상호작용으로 이루어진다는 이론이다. 근육에 자극을 주면 미오신이 액틴을 끌어당겨 근육이 수축하고, 자극이 사라지면 미오신과 액틴의 결합이 풀려 원래 길이로 돌아오는 메커니즘이다.

다시 말해 근육이 수축할 때는 얇은 액틴이 굵은 미오신 위로 흘러들어 가 미오신 머리가 액틴과 결합하면서 잡아당겨 길이가 짧아지고, 이완할 때는 앞서 형성했던 미오신과 액틴의 결합이 풀리면서 원래 길이로 돌아온다. 이 과정에서 큰 부하가 걸리면, 즉 근력운동을 하면 미오신 필라멘트 옆에 존재하는 결합조직인 티틴이 함께 떨어져나가면서 근섬유에 손상이 일어나고, 손상된 근섬유에서 더 많은 단백질 합성이 일어나면서 근육이 성장한다.

그래서 운동할 때 이러한 근육 손상으로 지연성 근육통이 생기는 것이다. 지연성 근육통은 운동 중에 느껴지는 근육 통증이 아니라 운동 후 2~3일, 길게는 일주일까지 지속되는 근육 통증을 말한다. 처음 운동을 시작하거나 오랫동안 쉰 후에 운동을 하면 거의 필연적으로 겪는다. 지연성 근육통은 해당 근육을 자극하는 운동을 하기 힘들게 만들고, 심하면 계단을 오르내리는 등의 일상생활도 어려워진다. 운동하는 사람들에게는 최대한 빨리, 부상 없이 지연성 근육통을 극복하는 것이 중요하다.

일반적으로 근육통의 원인이라고 알려진 체내 젖산 축적은 운동 후 1시간 이내에 사라지며 지연성 근육통과는 아무 관련이 없다. 지연성 근육통이 생겼는데도 해당 근육을 자극하는 운동을 계속하면 평소보다 근육에 과도한 부하가 걸리고, 힘이 약해진 근육이 주위 근육의 힘을 빌리는 보상작용이 발생하여 주위 근육까지 영향을 받는다. 근육통의 지속 시간은 훈련 강도나 근육 부위에 따라 다르나 일반적으로 운동 이후 48~72시간 동안 최고치에 달한다. 근육통을 느끼는 동안에는 해당 근육의 운동은 하지 않는 것이 좋다. 또한 근육을 펴는 스트레칭은 지연성 근육통 완화에 별다른 효과가 없으므로 해당 근육을 자극하는 마사지를 해주는 것이 가장 효과적이다.

운동 부위에 지연성 근육통을 느낀다는 것은 그 근육의 근섬유가 손상을 입었다는 것이고, 운동을 제대로 했다는 뜻이다. 따라서 아픈 만큼 성장한다는 말은 어느 정도 맞는 말이다. 그렇다고 통증이 있는 상태에서 운동을 계속하면 큰 부상으로 이어질 수 있으니 통증이 사라질 때까지 해당 근육의 운동은 하지 않는 것이 좋다.

근육이 길어지는 운동, 짧아지는 운동

보디빌더들 사이에서 '네거티브 동작'이라고 불리는 신장성수축 운동은 단축성수축 운동보다 근육 성장에 효과적이라고 알려져 있다. 풀업 운동에서 근육에 힘을 주면서 느끼며 천천히 내려갈 때 근육 길이가 늘어나는 것이 신장성수축 운동의 대표적인 예다. 반대로 풀업 운동에서 올라갈 때 근육 길이가 줄어드는 것이 단축성수축 운동의 대표적인 예다. 신장성수축 운동과 단축성수축 운동 중 어떤 운동이 근육 성장에 더 큰 효과가 있는지는 오랫동안 연구자들에게도 큰 관심거리였고, 그런 만큼 다양한 연구가 진행되어왔다. 지금까지 연구결과를 보면 신장성수축 운동이 단축성 수축 운동보다 근육 성장에 더 큰 효과가 있다고 주장한 연구가 많았다. 쇤펠드 BJSchoenfeld BJ는 이러한 연구를 종합하여 메타분석 연구를 진행했는데, 두 운동 사이에는 근육 성장에서 효과의 차이가 유의미하지 않다는 결과를 얻었다.

다음 그래프는 단축성수축 운동과 신장성수축 운동이 근육 성장에 미치는 영향을 비교한 15개 연구결과를 정리한 것이다. 왼쪽에 치우치면 신장성수축 운동이, 오른쪽에 치우치면 단축성수축 운동이 근육 성장에 더 효과적이다. 신장성수축 운동이 근육 성장에 더 효과적이라고 주장하는 논문이 수적으로 많지만, 반대로 단축성수축 운동이 근육 성장에 더 효과적이라고 주장한 논문도 있다. 이러한 연구를 모두 종합해 분석했더니 통계적으로 유의미한 차이가 나타나지는 않았다. 오히려 두 가지 운동 모두 근육 성장에 큰 효과가 있고, 한 가지 운동만 하는 것보

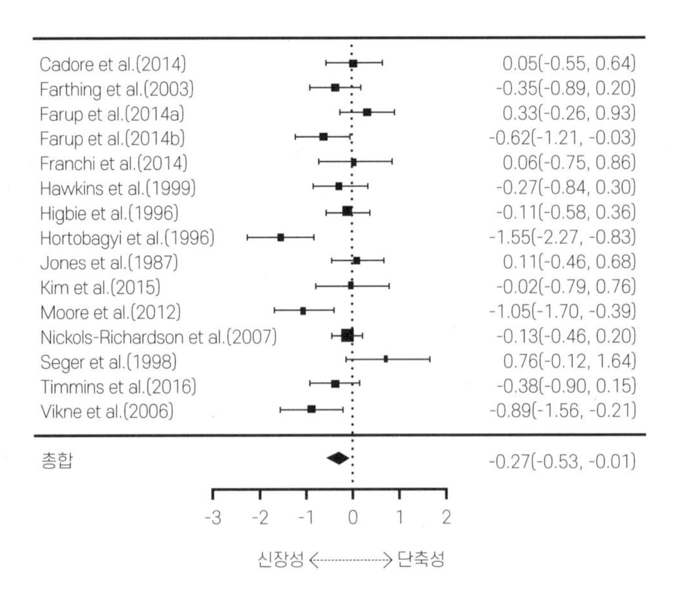

다 두 가지 운동을 병행하는 것이 더 큰 효과를 낼 수 있다는 연구도 있다. 따라서 근육을 성장시키려면 평소 하던 운동 루틴에 단축성수축 운동과 신장성수축 운동을 넣어 병행하는 것이 가장 효과적이다.

근력운동에도 적당한 속도가 있다

운동은 한 번을 하더라도 천천히 정자세로 하는 것이 더욱 효과가 좋다고 말한다. 정자세로 하는 것은 당연히 좋다. 그런데 과연 천천히 하는 운동이 빨리 하는 운동에 비해 더 효과적일까? 이 질문의 답을 찾는 실험을 하기 위해서는 알맞은 실험 조건을 갖추는 것이 중요하다. 어떤 운동을 속도와 상관없이 같은 횟수를 하면 천천히 하는 운동의 시간이 오래 걸리므로 그만큼 더 많이 하게 된다. 결국 운동 효과도 더 좋을 것이다.

지금부터 소개하는 연구는 피험자들의 총 운동 시간이 같아지도록 하기 위해 시행 횟수를 다르게 하여 진행했다. 즉 느린 속도의 운동은 횟수가 적고 빠른 속도의 운동은 횟수가 많다. 건강한 대학생을 대상으로 진행한 이 연구는 실험군 33명을 서로 다른 각속도(45°/s, 120°/s, 210°/s, 300°/s)로 운동하게끔 임의로 배정했다. 운동은 총 33세션을 진행했고 각 세션은 일주일에 3회씩 5세트로 구성했다.

다음 그래프는 모든 세션이 끝난 후에 근력의 변화(왼쪽)와 근육의 부피 변화(오른쪽)를 나타낸 것이다. 그래프를 보면 속도가 빠를 때 근육 성장에 조금 더 큰 효과가 있다는 것을 알 수 있지만, 통계학적으로 유

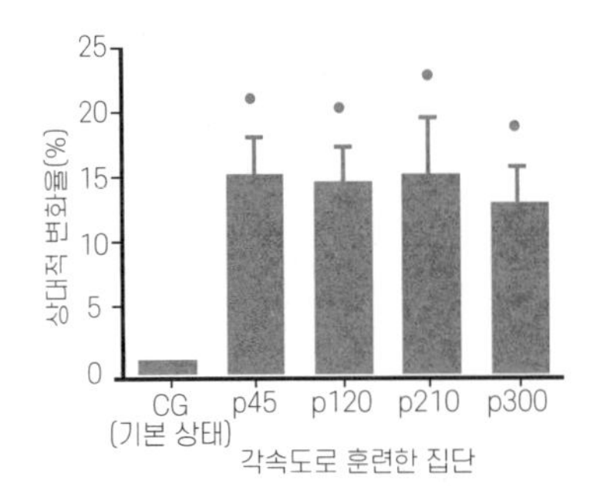

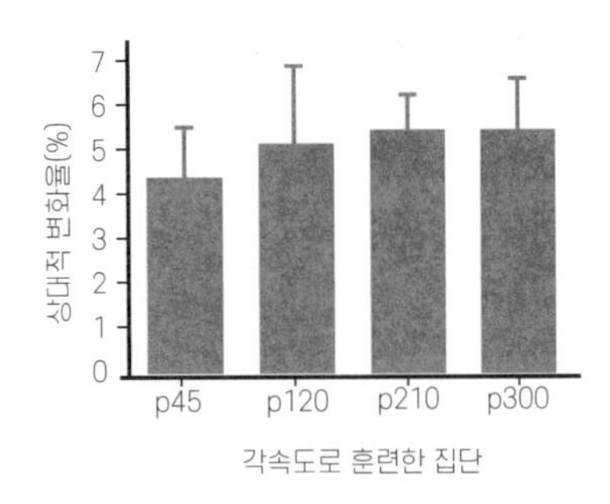

의미한 값은 아니다. 근력도 유의미한 차이를 보이지 않았는데, 근육의 성장과 수축 속도는 크게 관련이 없음을 의미한다. 다만 운동 속도가 빨라질수록 근육이 더 성장하는 것처럼 보인다. 연구자는 빠른 속도로 운동함에 따라 느린 속도로 운동할 때보다 부하가 크기 때문에 더 많은 근섬유가 손상된 것이라고 설명한다. 그러나 그 차이가 통계적으로 유의미하지 않아 큰 의미는 없다. 같은 주제를 다룬 2019년 이후의 연구도 모두 유의미한 차이를 보이지 않는다고 주장하고 있다. 결국 수축 속도와 근육 성장은 상관관계가 없다고 할 수 있다.

물론 처음에 운동 자세나 기술적인 부분을 배울 때는 느린 속도로 정확한 자세를 신경 쓰며 하는 것이 좋다. 또한 재활이 목적인 사람이나 65세 이상도 근육의 쓰임과 수축 정도에 적응하고, 부상을 방지하기 위해 느린 속도로 운동하는 것이 좋다. 그러나 근육 성장을 목적으로 운동하는 숙련자에게는 수축 속도가 큰 상관이 없다.

효과적인 휴식 시간은 어느 정도일까

마지막으로 운동과 운동 사이에 쉬는 시간, 즉 운동 횟수 사이에 쉬는 시간은 어느 정도가 좋을까? 이 주제 또한 운동하는 사람들 사이에서 큰 논쟁거리가 되곤 한다. 운동하는 동안은 쉴 새 없이 몰아쳐야 한다는 사람이 있는가 하면, 정상호흡으로 돌아올 때까지 충분히 쉬고 난 후 새로운 세트를 시작해야 한다는 사람도 있다.

이에 대해서도 다양한 연구가 진행되었다. 이 연구들을 종합하여 메타분석한 결과에 따르면, 운동 종류와 상관없이 쉬는 시간은 0.5초에서 8초 사이가 근육 성장에 가장 효과적이고, 이 범위 내에서는 유의미한 차이를 보이지 않는다. 쉬는 시간을 10초 이상 갖는 것은 근육 성장의 측면에서 조금 불리할 수 있다는 주장도 있지만, 이에 관해서는 비교적 연구가 부족해 명확한 결론을 내리긴 힘들다.

3

인터벌 트레이닝은 무조건 효과가 있을까?

인터벌 트레이닝은 대부분 고강도 운동이므로 운동 초보자에게는 오히려 위험하다. 높은 심폐 기능과 근력이 필요하기 때문이다. 우리 몸에서는 운동이 끝난 이후에도 운동 중 신체 상태가 일정한 상태로 유지되어 열량이 소모되는 애프터번 효과가 일어난다. 이 효과를 극대화하는 운동이 격렬한 인터벌 트레이닝이다. 운동 초보자는 어느 정도 기초 근력과 체력을 갖춘 뒤에 시도하도록 하자.

가만히 앉아 숨만 쉬어도 운동이 되면 얼마나 좋을까? 흔히 숨쉬기 운동을 한다고도 하는데, 정말 가만히 있어도 살이 빠지는 순간이 있다. 바로 운동이 끝난 직후 운동을 하며 빨라진 신진대사 속도가 지속되는 기간이다. 이를 활용하여 효과를 극대화한 운동이 타바타, 인터벌 러닝, 인터벌 줄넘기 등 고강도 인터벌 트레이닝이다. 격렬한 운동 직후 우리 몸이 쉬고 있음에도 운동하는 것과 같은 효과를 '애프터번 효과'라고 한다. 애프터번 효과가 정확히 무엇인지, 어떤 원리로 나타나는 것인지, 그리고 이를 잘 활용하기 위한 운동 방법은 무엇인지 알아보자.

운동이 끝나도 운동이 되는 애프터번 효과

운동이 끝나고 샤워를 했는데도 계속 몸이 후끈후끈하고 땀이 나는 경험을 해본 적이 있을 것이다. 강한 운동을 하는 도중엔 운동에 적합하도록 자율신경계가 작동하여 신진대사 속도가 증가한다. 운동이 끝나고 쉬는 동안에도 얼마간 그 영향이 지속되기 때문이다.

우리 몸의 자율신경계는 운동할 때 온몸의 근육에 많은 혈액을 전달하기 위해 혈관 저항을 조절한다. 소화기계에 가는 혈액을 줄이고 근육에 가는 혈액을 늘려 근육 활동이 정맥을 펌프질함으로써 심장으로 더 많은 혈액을 보내 혈류량이 많아지도록 하는 것이다. 우리 몸이 이렇게 변하는 이유는 근육이 무리 없이 일할 수 있도록 에너지와 산소를 전달하고, 젖산 같은 무산소대사 산물을 제거하기 위해서이다. 그런데 쌓인 젖산을 분해해서 제거하고, 온몸에 부족한 산소를 공급하고, 적절한 영양을 보충해 손상된 근육조직을 재건하는 일은 운동을 하는 도중보다 운동을 끝내고 쉬는 동안 이루어진다. 따라서 운동이 끝난 다음에도 일정 시간 동안은 자율신경계 변화가 지속된다. 몇 십 분간 달려서 300킬로칼로리를 태웠다고 가정하면, 실제로는 이러한 회복 과정에 필요한 열량도 있기 때문에 그보다 더 많은 열량을 소모할 수 있다. 이렇게 휴식할 때 일어나는 일련의 과정을 운동 후 초과 산소 섭취량이라고 하며,

주로 애프터번 효과afterburn effect라고 부른다.

예전 연구들에서는 애프터번 효과의 지속 시간이 실질적인 운동 효과를 주기에는 너무 짧을 것이라고 추측했다. 그런데 2002년 슈엔케Schuenke MD의 연구결과 30분간 고강도 운동을 한 실험군이 운동 후 38시간까지 운동하지 않은 대조군보다 산소 소모율이 높았다. 이 결과는 애프터번 효과가 38시간 이상 지속될 수 있다는 점을 시사한다. 긱Geek BK의 연구에서는 애프터번 효과와 지방 연소율은 운동 강도가 높을수록 그리고 무산소운동일수록 증가했으며, 충분히 운동했다면 운동 시간 자체는 큰 영향을 미치지 않았다.

하지만 이렇게 소모하는 열량은 일반적인 무산소운동을 할 때 순수하게 운동으로 소모한 열량의 6~15퍼센트 정도에 불과하므로 애프터번 효과만 맹신하고 운동을 게을리해서는 안 된다. 1시간을 운동하는 것보다 2시간을 운동하는 쪽이 소모하는 열량은 더 높지만, 1시간을 운동하든 2시간을 운동하든 애프터번 효과는 크게 차이가 나지 않기 때문에 다이어트를 하는 사람은 좀 더 오랜 시간 운동하는 편이 유리하다.

짧은 시간에 가장 많이 빠지는 운동

오랜 시간을 들여 열심히 운동할 수 있다면 좋겠지만, 대부분은 헬스장에서 하루 종일 있을 수 없다. 그래서 짧은 시간을 내서라도 운동하려는 사람들은 최저 비용으로 최대 효율을 내고 싶어 한다. 이럴 때 애프터번 효과를 적절히 이용한다면 같은 시간 대비 더 큰 운동 효과를 낼 수 있다.

여러 연구에 따르면, 동일 운동량 대비 애프터번 효과가 가장 큰 운동은 고강도 인터벌 트레이닝high intensity interval training, HIIT이다. 인터벌 트레이닝은 짧은 시간 동안 고강도 운동을 하는 부하기와 짧은 시간 동안 복구 기간을 가지는 회복기를 반복하는 운동 방식이다. 단순히 에너지 소모량만 비교한다면 고강도 근력운동만 쉼 없이 오래 하는 것이 가장 효과적일 테지만, 보통 사람은 세트 사이에 쉬는 시간도 주어야 하고 실제 체내 지방 연소에는 더 다양한 요인이 관여한다. 뿐만 아니라 인터벌 트레이닝은 운동 자체만으로도 다른 운동에 비해 체지방 감량 효과가 크다.

한 연구에 따르면, 단순 심폐지구력 운동을 길게 한 집단과 비교했을 때 짧은 인터벌 트레이닝을 한 집단의 운동에너지 소모율이 절반 가까이 낮았음에도 불구하고 체내 피하지방 소모율은 더욱 높았다. 또한 전체 에너지 소모율이 같다고 할 때 지방 소모율은 무려 아홉 배 정도 높았다. 이렇듯 인터벌 트레이닝이 지방 소모에 특별한 능력을 발휘하는 이유는 무엇일까?

인터벌 트레이닝의 원리

인터벌 트레이닝은 회복기 동안 상대적으로 저강도 운동을 하면서 고강도 운동으로 고갈된 체내 에너지원인 아데노신 삼인산adenosine triphosphate, ATP을 보충한다. ATP는 아데노신에 인산 3개가 붙어 있는 형

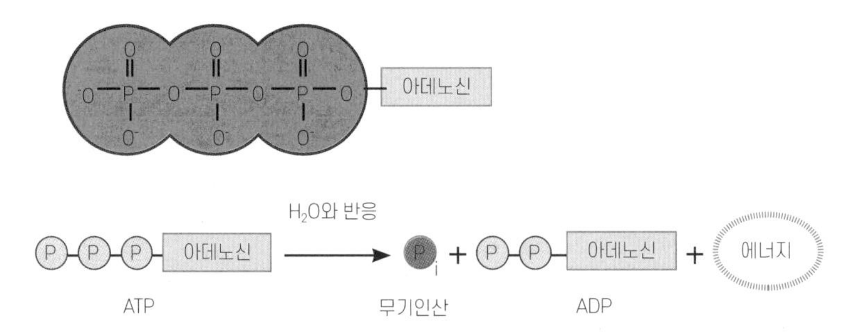

태인데, 몸에서 ATP가 물과 반응하여 인산이 ATP 결합체에서 떨어져나갈 때 에너지를 만든다. 쉽게 비유하면 현금을 충전한 교통카드라고 할 수 있다. 실제 현금은 없지만 충전한 카드를 사용해 버스나 지하철에서 교통비를 결제하듯이, ATP라는 매개체를 통해 우리 몸이 필요할 때마다 눈에 보이지 않는 에너지를 꺼내 사용하는 것이다.

에너지가 필요한 세포에서 ATP로부터 인산 하나가 빠지면서 에너지가 방출되면 아데노신 이인산adenosine diphosphate, ADP으로 바뀐다. ADP는 상황에 따라 에너지를 더 만들기 위해 인산 하나를 떨어뜨려 아데노신 일인산adenosine monophosphate, AMP이 되기도 하고, 인산과 다시 결합하면서 에너지를 충전해 ATP로 돌아오기도 한다. 고강도 운동을 할 때는 근육이 ATP를 ADP로 바꾸며 에너지를 소모하고, 회복기에는 ADP가 다시 에너지를 공급받아 ATP로 바뀌는 것이다.

다음 그래프와 같이 운동을 시작하면 초반 약 2초까지는 근육 내에서 자유롭게 돌아다니는 ATP를 사용하고, 그다음 약 6초까지는 분해된 ADP를 ATP로 만들어주는 인산크레아틴에 결합된 ATP를 사용한다. 이후 약 2분까지는 글리코겐을 분해하여 무산소대사를 하고, 그다음부터

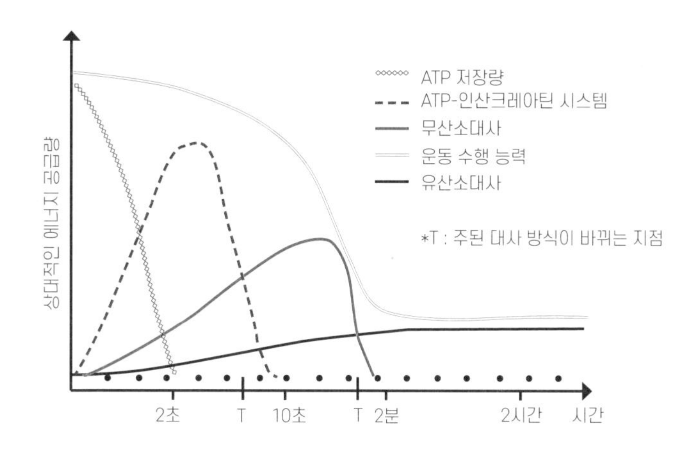

는 유산소대사로 ATP를 생성하여 에너지를 공급한다. 운동을 시작하면 시간이 지날수록 시간당 에너지 사용률이 떨어지므로 최대 강도의 운동을 오랫동안 할 수 없다.

운동 수행 능력은 무산소대사가 끝나는 2분 시점부터 급격히 떨어진다. 따라서 인터벌 트레이닝은 이런 문제를 최대한 해결하고 시간당 높은 에너지를 소모하기 위해 운동 수행 능력이 높은 2분 동안 고강도 운동을 하고, 중간에 1분 정도 짧은 휴식을 한다. 그 와중에도 유산소대사는 지속되기에 더욱 많은 에너지와 산소가 필요하다. 인터벌 트레이닝의 강도 자체는 유산소운동보다 무산소운동에 가깝기 때문에 젖산 같은 대사산물이 많이 쌓인다. 이 대사산물을 분해하기 위해 산소요구량이 증가하면서 애프터번 효과도 더욱 크게 나타나는 것이다.

에너지 공급원	힘(단위시간당 에너지 공급률)	용량(총에너지량)
ATP-인산크레아틴 시스템	매우 높음	매우 낮음
무산소대사	높음	낮음
유산소대사	낮음	매우 높음

인터벌 트레이닝의 종류와 방법

인터넷에서 찾아볼 수 있는 많은 인터벌 트레이닝 영상 중 강도가 낮은 유산소운동을 인터벌로 하는 영상들이 있다. 평범한 유산소운동은 생각보다 소모하는 열량이 크지 않다. 1시간 정도 걸어야 공깃밥 하나 정도에 해당하는 300킬로칼로리 정도를 소모할 수 있다. 그래서 식단 조절 없이 유산소운동만으로 살을 빼기는 정말 어렵다. 인터벌 트레이닝은 그 자체만으로 시간 대비 에너지를 많이 소모할 뿐만 아니라 애프터번 효과를 최대 200킬로칼로리까지 유도할 수 있다. 이들은 대부분 유산소대사로 얻는 에너지를 사용하기에 체지방 감량이 주목적인 다이어트에서 극적 효과를 낼 수 있다.

다만 다이어트와 심폐지구력 향상에 효과가 아주 큰 운동 방법인 만큼 정말 힘든 운동이라는 점을 고려해야 한다. 운동 초보자나 노약자, 심장질환이 있거나 관절이 좋지 못한 사람에게 고강도 운동은 오히려 큰 무리가 될 수 있다. 인터벌 트레이닝은 여러 가지가 있으니 자신의 수준에 맞는 방법을 찾아 천천히 강도를 높여나가는 게 좋다.

인터벌 트레이닝은 유산소운동보다 무산소운동에 가깝다. 단순히 운동의 지속 시간이 아니라 세트 수와 최대심박수를 기준으로 한 최대 운동 강도가 중요하다. 앞서 인터벌 트레이닝은 기본적으로 부하기와 회복기로 나눈다고 설명했다. 부하기에는 자신이 감당할 수 있는 한도 내에서 자신의 목적에 맞는 강도로 운동을 구성한다. 달리기를 한다면 단 몇 초만 달리는 운동만으로도 급격히 힘들어지는 강도여야 한다. 운동 초보자는 보통 자기 최대심박수의 70퍼센트 정도로 시작하여 85퍼센트 정도까지 잡는 것이 좋다. 최대심박수는 사람에 따라 다르므로 직접 경험하는 것이 좋지만, 연령에 따른 예측값이 존재하기 때문에 대략적으로 알 수 있다. 건강한 25세를 기준으로 대략 190비피엠 정도가 최대심박수이므로 135~160비피엠 정도의 심박수를 유지하도록 운동하면 된다. 정확한 최대심박수를 모른다고 해도 운동 중 심장이 쿵쿵 뛰는 게 느껴진다면 성공이다.

부하기의 운동 시간은 정해진 게 없지만 기본적으로 무산소대사가 주가 되어야 한다. 운동 후 약 90초 정도부터는 유산소대사가 무산소대사를 앞지르기 때문에 운동 능력이 떨어진다. 따라서 부하기가 90초보다는 짧아야 효과가 좋으므로 약 60초 정도를 추천한다. 처음에는 이 60초도 길게 느껴지겠지만 곧 적응될 것이다. 숨이 차고 힘들어 죽을 것 같은 운동량으로 60초를 채울 수 있다면 어떤 운동이든 큰 상관은 없다. 그러나 가장 흔한 러닝머신은 원하는 만큼 빠르게 속도를 조절하기 힘들다. 러닝머신보다 200~400미터 야외 전력 질주나 자전거, 로잉머신, 수영 등 스스로 즉시 속도를 조절할 수 있는 운동이 효과적이다.

이렇게 부하기가 끝나면 회복기에 들어선다. 단 오해해서는 안 된다. 회복기는 앉아서 쉬는 시간이 아니라 근육의 회복을 위해 잠깐 상대적인 여유를 주는 것일 뿐, 이때도 심박수가 가만히 쉬고 있는 상태의 심박수로 떨어져서는 안 된다. 운동 강도가 조금 낮아지더라도 쉼 없이 계속 운동해야 하며, 심박수는 100비피엠을 넘는 게 좋다. 회복기는 최대 3분을 넘기지 않되 일반적으로 1분 정도를 추천한다. 다시 말해 회복기에 긴장을 풀면 안 된다. 인터벌 트레이닝은 뛰다 쉬거나 뛰다 걷는 것을 반복하는 수준의 운동이 아니다. 계속 뛰는 운동이다. 원래 지구력과 체력을 향상시키는 게 주목적인 운동인데, 부가적으로 다이어트에 효과가 좋은 것이다.

인터벌 트레이닝 중에서 가장 많이 알려진 운동법이 타바타 운동법이다. 타바타 운동법은 아주 고강도라 처음 운동하는 사람에게는 추천하지 않는다. 최대 산소 섭취량의 170퍼센트 강도로 (20초 운동+10초 휴식)×8세트를 진행하는데, 이 방법을 그대로 따른다면 운동을 마친 직후 어지럽고 제대로 몸을 가누지조차 못할 수 있다.

이런 고강도 인터벌 트레이닝은 애초에 다이어트용이 아니라 심폐 능력과 근력을 향상시키는 체력 훈련용인 만큼 다이어트를 하려는 운동 초보자는 처음부터 무리하지 말아야 한다. 운동 강도가 센 부하기와 낮은 회복기로 나눈다는 점을 고려하면서 자신의 수준에 맞는 방식으로 프로그램을 구성하고 조금씩 늘려간다.

인터벌 트레이닝 몇 가지를 소개한다. 자신의 몸 상태에 따라 조금씩 바꾸어 적용해보자.

자전거

0~10분 준비운동 단계로 평지에서 천천히 자전거를 타기 시작하며 점점 속도를 올린다.

10~12분 최대심박수의 75퍼센트 강도까지 속도를 올린다. 서서 페달을 밟는 것이 편하다.

12~14분 조금 속도를 낮추고 안장에 앉아 최대심박수의 60퍼센트 강도를 유지한다.

14~18분 30초는 75퍼센트로, 그다음 30초는 60퍼센트 강도로 운동하는 것을 반복한다.

18~19분 심박수 100비피엠 이상을 유지하고 적당한 속도로 서행하며 휴식한다.

19~23분 다시 30초 간격으로 75퍼센트와 60퍼센트 강도로 운동하는 것을 반복한다.

23~25분 30초 간격으로 60퍼센트 운동 강도와 심박수 100비피엠 이상의 운동 강도를 반복한다.

25~30분 천천히 속도를 내린다.

전력 질주

0~5분 준비운동 단계로 평지에서 천천히 달리기를 시작하며 점점 속도를 올린다.

5~25분 30초간 전력 질주와 60초간 조깅을 반복한다.

25~30분 천천히 속도를 낮추어 안정화한다.

크로스핏

크로스핏은 부상 위험이 크기 때문에 운동 초보자에게 적합한 운동이 아니다. 따라서 내 몸의 상태를 어느 정도 파악한 이후에 하는 것이 좋다. 다음 7개 동작을 쉬는 시간 없이 연속 실시하고, 2분 동안 스트레칭과 휴식 시간을 가진다. 이 모든 과정을 세 번 반복한다.

박스점프box jump 20회

버피burpee 20회

점프스쿼트jump squat 20회

마운틴 클라이머mountain climber 30회

개구리뛰기frog jump 20회

플랭크잭plank jack 30회

래터럴 스케이터 점프lateral skater jump 30회

웨이트 트레이닝

죽어도 달리기를 하기 싫은 사람은 헬스장에서 흔히 접할 수 있는 운동을 이용해 인터벌 트레이닝을 할 수 있다. 그러나 보디빌딩을 할 때처럼 무거운 기구로 적은 횟수를 반복하기보다는 조금 더 오래 할 수 있는 무게를 드는 것을 추천한다. 크로스핏과 마찬가지로 운동 초보자에게는 적합하지 않은 운동이다. 각 동작은 쉼 없이 연속 실시하고 15회를 한 세트 정도 하면 된다. 이는 대략 1RMrepetition maximum(1회 반복할 수 있는 최대 무게) 무게의 65~70퍼센트 정도다. 각 동작에서 서로 다른 근육을 쓰기 때문에 앞의 동작이 뒤의 동작에 큰 영향을 주진 않는다. 7개 동작을 쉼 없이 실시한 후 3분 동안 스트레칭과 휴식 시간을 가지며, 모든 과정을 세 번 반복한다.

스쿼트 15회

덤벨 숄더프레스dumbbell shoulder press 15회

데드리프트deadlift 15회

덤벨로 15회

리버스 크런치reverse crunch 20회

푸시업push-up 15회

바이시클 크런치bicycle crunch 20회

수영

수영은 관절에 무리를 주지 않는 가장 효과적이고 건강한 운동 방법 중 하나다. 전신 근육의 협응 능력을 기르고, 스스로 쉽게 부하를 조절할 수 있으므로 인터벌 트레이닝에도 효과적이다.

0~5분 준비운동을 한다.

5~25분 아래의 과정을 20분간 반복한다.

50미터 자유형 전력 질주 후 25미터 중간 강도 질주

50미터 배영 전력 질주 후 25미터 중간 강도 질주

50미터 평영 전력 질주 후 25미터 중간 강도 질주

50미터 접영 전력 질주 후 25미터 중간 강도 질주

25~30분 천천히 속도를 낮추어 안정화한다.

4

프리웨이트 운동이 머신 운동보다 좋을까?

프리웨이트 운동과 머신 운동은 각각 장단점을 가지고 있다. 프리웨이트 운동은 종류가 다양하고 주동근 말고도 보조근과 코어 근육까지 발달시키며 가격이 저렴한 편이다. 하지만 부상 위험이 있고 보조자가 필요할 수 있다는 단점이 있다. 머신 운동은 주동근에 집중해 운동할 수 있고 부상 위험이 적으며, 무게 변경이 쉽다. 대신 프리웨이트 운동에서 장점이었던 다양성이나 비용 측면에서는 아쉽다. 따라서 자신의 운동 목적과 운동 수행 능력에 따라 두 운동의 비율을 조절하면서 병행하는 것이 가장 좋다.

해마다 수많은 사람이 꾸준한 운동을 다짐하며 헬스장에 등록하지만, 자신과의 약속을 지키는 데 성공하는 경우는 그리 많지 않다. 우스갯말로 새해가 시작되면 헬스장 장기 회원권을 등록하고 시간이 지날수록 운동하러 오지 않는 사람들 덕분에 헬스장이 운영된다는 말이 있을 정도다. 그럼에도 꾸준히 헬스장에 운동하러 가는, 자기와의 싸움에서 이기는 승자들이 있다. 이들은 각자 목적을 가지고 헬스장에 가서 여러 가지 운동을 한다. 그런데 대부분은 헬스장이라고 하면 러닝머신이나 사이클을 타거나 바벨을 들었다 놨다 하는 단편적인 모습만 떠올릴 것이다.

헬스장에서 하는 운동은 생각보다 훨씬 다양하다. 그중 기구를 다루는 운동인 프리웨이트 운동과 머신 운동에 대해 이야기해보려고 한다. 프리웨이트 운동은 말 그대로 고정되어 있지 않은 바벨이나 덤벨을 들어 올리면서 하는 운동이다. 벤치프레스, 스쿼트, 데드리프트 등이 가장 대표적이다. 반면 머신 운동은 머신을 따라 움직이기 때문에 머신에 의해 움직이는 범위와 궤적이 고정되어 있으며, 레그프레스, 머신프레스, 스미스머신 스쿼트 등이 대표적이다.

주동근과 보조근, 코어 근육

헬스장에서 운동하는 사람이라도 대부분은 프리웨이트 운동과 머신 운동의 차이와 장단점, 언제 어떤 운동을 해야 하는지 잘 모르는 상태에서 그때그때 하고 싶은 운동을 하거나 퍼스널 트레이닝에서 배운 대로 운동하고 있을 것이다.

두 운동에 대해 알려면 먼저 주동근과 보조근, 코어 근육이 무엇인지부터 알아야 한다. 사전적 정의에 따르면, 주동근은 관절을 구부리고 펼 때 그 운동의 주도권을 쥐는 근육이고, 보조근은 주동근의 운동을 보조하는 근육을 통틀어 가리키는 말이다. 보조근은 주동근이 수축할 때 힘을 보태기도 하고, 주동근이 수축해 관절이 움직일 때 일정 범위를 벗어나지 않도록 하여 관절을 보호하는 역할을 하기도 한다.

벤치프레스 운동을 예로 들어보자. 벤치프레스는 벤치에 등을 대고 누워서 바벨을 가슴 높이에서 팔을 쭉 뻗은 높이까지 들어 올리는 운동이다. 이 운동에서 주동근은 팔을 가슴 앞쪽, 즉 안쪽으로 모아주는 역할을 하는 대흉근이다. 하지만 벤치프레스를 할 때 대흉근만 사용하지는 않는다. 바벨을 밀어서 올릴 때는 보조근인 대흉근 뒤에 숨어 있는 소흉근pectoralis minor, 어깨 앞쪽 근육인 전면 삼각근anterior deltoid, 팔을 펴주는 삼두근triceps brachii 등이 함께 힘을 낸다. 또한 위의 근육과 반대 역할을 하는 광배근, 후면 삼각근posterior deltoid, 이두근과 어깨관절을 안정화하고 보호하는 회전근개가 협력해야 벤치프레스를 할 수 있다. 그래서 벤치프레스를 하고 나면 주동근인 대흉근 말고도 보조근인 여러 근육이 아픈 것이다.

또 하나 중요한 것은 코어 근육이다. 코어 근육은 간단히 말해 척추

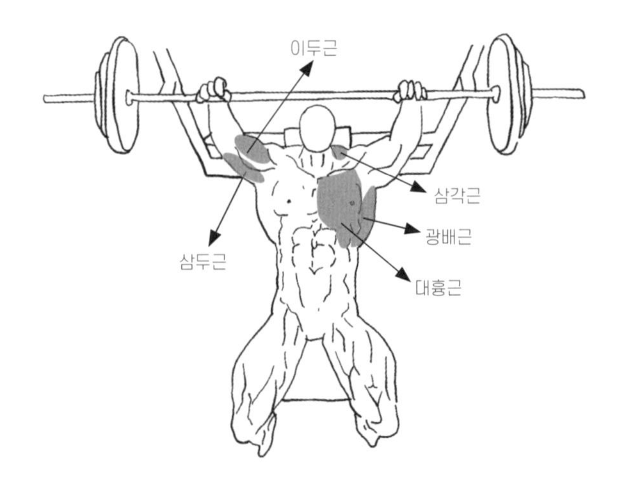

를 잡아주고 안정화하는 근육이다. 다양한 근육을 아우르는 데다 사람마다 포함시키는 근육의 범위가 달라서 간단히 복근과 기립근이라고 이해하면 된다. 코어 근육은 척추를 안정적으로 잡아주는 동시에 척추에 실리는 무게로부터 척추를 보호하는 역할을 한다. 사실상 모든 운동을 할 때 쓰이는 근육이라고 볼 수 있다.

벤치프레스 말고도 스쿼트든 데드리프트든 모든 운동에는 주동근과 보조근이 있다. 간단해 보이는 운동이라도 실제로는 많은 종류의 근육이 관여하고 있는 것이다. 각 운동마다 어떤 근육이 주동근과 보조근으로 사용되는지 다 알면 좋겠지만, 지금은 어떤 운동이든 주동근, 보조근, 코어 근육이 함께 작용한다는 것만 알아도 충분하다.

프리웨이트 운동의 장점

많은 사람이 무조건 프리웨이트 운동이 좋으니 머신 운동은 안 해도 된다고 말한다. 특정 관점에서는 옳은 말일 수도 있으나 일반적으로는 그렇지 않다. 애초에 둘 중 하나를 아예 배제하고 오직 하나만 좋다는 식의 접근이 맞는 경우도 거의 없다. 프리웨이트 운동의 장점이 무엇이기에 이처럼 극단적 주장이 등장하는 것일까?

이 주제에 대해 궁금해하는 사람들이 많았는지, 2000년도에 전 세계에 회원을 둔 NSCA National Strength&Conditioning Association라는 비영리 협회에서 여러 운동 전문가가 이에 대한 토론을 진행한 적이 있다. 이들은 여러 연구결과를 가지고 프리웨이트 운동과 머신 운동의 장단점에 대해

토론했다. 당시 토론에서 나온 프리웨이트 운동의 장점은 크게 다섯 가지이다.

프리웨이트 운동의 가장 대표적인 장점은 더 다양한 운동을 할 수 있다는 것이다. 당연한 말이기도 한데, 머신 운동은 머신별로 정해진 궤적을 따라서만 움직일 수 있기 때문에 해당 운동 말고는 할 수 없다. 반면 프리웨이트 운동은 바벨이나 덤벨을 이용하여 무슨 운동이든 할 수 있고, 머신 운동으로는 할 수 없는 동작을 수행할 수 있다. 다시 말해 머신 운동은 헬스장에 구비된 머신으로 정해진 운동만 할 수 있지만, 프리웨이트 운동은 자신이 원하는 운동이 무엇이든 배우기만 하면 할 수 있다.

두 번째 장점은 프리웨이트 운동을 함으로써 주동근뿐만 아니라 보조근과 코어 근육을 함께 발달시킬 수 있다는 것이다. 운동할 때는 가장 주가 되어 힘을 쓰는 주동근 말고도 정말 많은 보조근이 함께 일한다. 그런데 머신 운동은 매우 안정적이고 정해진 궤도를 따라 움직이기 때문에 주동근 이외의 근육은 상대적으로 크게 쓸 일이 없다.

프리웨이트 스쿼트와 스미스머신을 이용한 스쿼트를 할 때 근육 활성도를 비교한 연구가 있다. 이 연구에서 살펴본 주동근은 대퇴사두근 중 일부(외측광근, 내측광근)와 보조근(전경골근, 비복근, 대퇴이두근), 그리고 코어 근육(복직근, 척추기립근)이다. 연구결과 프리웨이트 스쿼트가 보조근을 포함한 모든 근육의 활성도가 더 높았으며, 평균 43퍼센트 더 높은 근육 활성도를 보였다. 또한 프리웨이트 벤치프레스와 스미스머신을 이용한 벤치프레스를 할 때 근육 활성도를 비교한 연구에서는 주동근인 대흉근의 활성도는 비슷했으나, 보조근인 측면 삼각근은 프리웨이트 운동에서 활성도가 높았다.

왜 프리웨이트 운동이 머신 운동보다 보조근의 활성도가 높은 것일까? 프리웨이트 운동인 바벨스쿼트barbell squat와 머신 운동인 레그프레스leg press를 비교하면 차이를 명확하게 알 수 있다. 바벨스쿼트와 레그프레스는 둘 다 대퇴사두근과 대둔근을 주동근으로 사용하는 운동이다. 레그프레스는 매우 안정적인 머신 안에 앉아서 정해진 궤적으로만 움직이며 기구를 다루기 때문에 상체의 움직임이나 안정화에는 거의 신경 쓸 필요가 없고, 하체 또한 온전히 무게를 밀어내는 데만 집중하면 된다.

반면 바벨스쿼트의 경우 어깨 위에 기구를 올린 채 스쿼트를 해야 하기 때문에 수많은 보조근을 사용하면서 관절을 안정화시키고, 앞이나 뒤로 넘어지지 않도록 균형을 잡아야 한다. 또한 무게를 지탱하고 있는 상체도 정말 중요한데, 무거운 무게를 들고 바벨스쿼트를 할수록 척추에 무리가 가기 때문에 코어 근육이 제대로 역할을 해야 한다. 결국 거의 주동근만을 사용하는 레그프레스와 달리 바벨스쿼트는 주동근을 돕는 보조근들과 코어 근육까지 조화롭게 발달시킬 수 있다.

프리웨이트 운동의 세 번째 장점은 머신 운동에 비해 기능적이고 일상적인 동작에 기여할 수 있다는 것이다. 좀 더 쉬운 예시를 들어보자. 바벨을 들어 올리는 데드리프트는 바닥에 있는 물건을 들어 올리는 것과 정확히 같은 동작이다. 데드리프트는 일상에서 무거운 물건을 들어야 할 때 그 동작을 바로 적용할 수 있다. 스쿼트도 마찬가지이다. 무거운 물건을 어깨에 지고 일어나거나 옮겨야 할 때 헬스장에서 스쿼트를 했던 기억은 아주 큰 도움이 될 것이다. 하지만 머신 운동은 그렇지 않다. 레그프레스를 아무리 많이 해도 주동근인 대퇴사두근과 대둔근 위주로만 훈련될 뿐, 무거운 물건을 어깨에 올려놓았을 때 균형을 잡는 능력이나 무게를 지탱할 수 있을 만큼 상체, 특히 코어 근육이 발달하지 않는다. 따라서 하체는 무거운 무게를 버틸 수는 있지만 상체가 버티지 못하기 때문에 아예 물건을 들지 못하거나 들더라도 척추에 큰 무리를 줄 확률이 높다.

프리웨이트 운동의 네 번째 장점은 근육들 간의 협응력coordination을 기를 수 있다는 것이다. 두 번째, 세 번째 장점과 상당히 관련 있는 장점이다. 부드러운 관절의 움직임을 성공적으로 만들어내려면 서로 다른 역할을 하는 둘 이상의 근육이 어떻게 함께 수축하고, 얼마나 강하게 수축할 것인지 잘 조절해야 한다. 다시 말해 헬스장에서 단련한 근육의 힘을 실질적인 운동이나 생활에서 활용하려면 주동근이 관절 운동을 주도할 때 주변의 보조근과 코어 근육도 정확한 타이밍에 적절한 강도로 수축해야 한다는 것이다. 운동에 필요한 근육의 힘만을 키우는 것으론 부족하고 어떻게 함께 쓰는지도 같이 익혀둬야 한다. 이를 익힐 수 있는 가장 좋은 방법이 실질적인 무게를 다루는 프리웨이트 운동이다. 머신 운동은 완전히 운동의 궤적을 정해놓고 주동근 수축에만 집중하기 때문에 이러한 효과는 기대하기 어렵다.

마지막 장점은 프리웨이트 운동이 머신 운동에 비해 저렴하다는 것이다. 물론 프리웨이트 운동을 위해 필요한 바벨이나 원판, 덤벨, 벤치 등의 장비가 싸다는 이야기는 절대 아니지만, 머신의 가격은 상상을 초월한다. 더욱이 프리웨이트 운동은 최소한의 장비만 있으면 여러 가지 운동을 할 수 있지만, 머신 운동은 머신별로 할 수 있는 운동이 정해져 있다. 대부분이 헬스장에서 운동하기 때문에 장비의 가격 차이가 그다지 크게 느껴지지 않을 테지만, 몇몇 운동기구를 집에 구비해두려는 사람이나 아예 홈짐home gym을 차리려는 사람이 머신을 사는 경우는 아마 없을 것이다.

프리웨이트 운동의 단점

이렇게 장점이 많아 보이는 프리웨이트 운동에도 단점은 있다. 가장 치명적인 단점은 프리웨이트 운동을 할 때 몸이 받는 저항의 방향이 무조건 중력 방향이라는 것이다. 어쩔 수 없는 일이다. 운동을 하면서 중력의 방향을 바꿀 수는 없으므로 몸의 방향을 운동 목적에 맞춰 바꿔가며 하는데, 이는 때때로 운동에 집중하는 것을 방해하거나 부상 위험을 높이기도 한다.

예를 들어 바벨로는 주로 광배근 발달을 목적으로 하는 운동이다. 그런데 바벨은 아래로 떨어지려고만 하기 때문에 어쩔 수 없이 허리를 숙여서 해야 한다. 로머신row machine처럼 앉아서 운동하는 것과 비교된다. 그래서 프리웨이트 운동의 장점인 여러 보조근과 코어 근육을 발달시키고 균형 잡는 능력을 키울 수 있지만, 운동 초보자는 원래 운동 목적인 광배근 발달에 집중하기 힘들고, 허리를 숙여서 기구를 드는 자세 때문에 척추 부상을 유발하기도 한다. 이는 자연스럽게 두 번째 단점으로 연결된다.

두 번째 단점은 운동 초보자에게 어려울 수 있고 부상의 위험이 높

바벨로

로머신

다는 것이다. 프리웨이트 운동의 엄청난 장점은 프리웨이트 운동을 충분히 잘 수행해야만 비로소 빛이 난다. 다시 말해 주동근과 보조근, 코어 근육 간의 협응을 통해 바른 자세로 운동하고, 운동하는 도중에 균형을 잃지 않는 능력도 갖추고 있어야 한다. 프리웨이트 운동은 아직 운동이 익숙하지 않은 초보자에게 한꺼번에 너무 많은 근육이 조화롭게 움직일 것을 요구하기 때문에 부상으로 이어질 수 있다.

또한 중력 방향으로만 저항을 줄 수 있는 프리웨이트 운동의 특성상 사람의 몸이 무거운 기구 아래에 들어가 있는 경우가 많다. 대표적 프리웨이트 운동인 벤치프레스, 스쿼트, 데드리프트 중 데드리프트를 제외한 두 운동이 그렇다. 기구를 드는 데 실패할 경우 무거운 기구 아래에 깔려서 큰 부상을 당할 수 있다.

세 번째 단점은 기구 아래에 깔려서 생기는 부상을 방지하기 위해 보조자가 필요할 수 있다는 것이다. 안전장치가 있는 곳에서 운동하거나 이미 오랜 기간 운동을 해서 기구를 드는 데 실패해도 부상 없이 빠져나올 수 있는 사람이 아니라면 프리웨이트 운동을 할 때에는 반드시 보조자가 곁에 있어야 한다. 이는 프리웨이트 운동을 할 때 상당한 제약이 되기도 한다. 무엇보다 보조자가 없는 사이 기구 아래에 깔릴지도 모른다는 공포심은 운동 초보자가 머신 운동을 택하게 만드는 원인이기도 하다.

머신 운동의 장점

머신 운동은 운동 초보자 전용이므로 어느 정도 운동에 익숙해지고 부상만 조심하면 프리웨이트 운동만 해도 될 것처럼 보이기도 한다. 하지만 모든 헬스장에 머신이 구비되어 있고, 유명 보디빌더도 머신 운동을 하는 것을 보면 머신 운동만의 장점도 있는 것이 확실하다.

머신 운동의 가장 큰 장점은 균형을 잡을 필요가 없고, 보조근의 개입을 최소화할 수 있기 때문에 주동근의 수축과 자극에만 집중할 수 있다는 것이다. 주동근뿐만 아니라 보조근과 코어 근육을 함께 발달시킨다는 프리웨이트 운동은 운동 초보자에게는 더 큰 단점이 된다. 보조근과 코어 근육을 함께 써야 하는 만큼 주동근에 집중하기 어려운데, 운동 초보자는 근육에 집중하여 자극을 주는 능력이 부족하기 때문이다. 이러한 단점을 머신 운동을 통해 상당 부분 해결할 수 있다.

두 번째 장점은 부상 위험이 적고 운동 초보자도 쉽게 사용할 수 있다는 것이다. 대부분 머신은 운동을 시작하기 전에 자신이 원하는 가동범위 내에서만 움직이도록 조절함으로써 운동하는 도중에 힘이 빠지거나 기구를 드는 데 실패해 발생하는 많은 부상을 방지할 수 있다. 이러한 장점 덕분에 운동 초보자도 전혀 겁내지 않고 운동할 수 있고, 정해진 궤적을 따라서만 움직이기 때문에 운동 지식이 조금 부족해도 비교적 바른 자세로 운동할 수 있다.

마지막 장점은 무게를 변경하기 쉽다는 것이다. 별것 아닌 것처럼 보일 수도 있지만 프리웨이트 운동을 많이 하다 보면 충분히 공감할 수 있다. 프리웨이트 운동에서 무게를 변경하려면 바벨의 경우 원판을 빼고 끼워야 하며, 덤벨의 경우 덤벨을 제자리에 갖다 놓은 후 새로운 덤벨을 가져와야 한다. 운동할 때 다루는 무게가 늘어날수록 상당한 체력이 소모되고, 원판이나 덤벨을 옮기다가 의도치 않게 다른 운동을 하게 되는 것이다. 하지만 머신 운동은 무게 변경용 핀을 옮기는 것만으로도 편하게 변경할 수 있다. 이는 운동에 집중할 수 있게 해줄 뿐 아니라 더 짧은 시간에 더 효율적으로 운동할 수 있도록 한다.

머신 운동은 알려진 것처럼 운동 초보자가 더 쉽고 안전하게 접근할 수 있는 운동이기는 하지만 초보자 전용이라는 뜻은 아니다. 누구나 하나의 부위에 더 집중할 수 있는 운동이기도 하기 때문이다.

머신 운동의 단점

하지만 단점도 확실한 것이 머신 운동이다. 사실상 프리웨이트 운동의 장점을 반대로 말한 것과 똑같다. 헬스장에 있는 머신에 맞는 운동만 할 수 있으며, 보조근과 코어 근육을 발달시키는 데에는 딱히 도움이 되지 않는다. 또한 근육들 간의 협응력을 기르기도 어렵고, 너무 비싼 가격 때문에 헬스장이 아니라면 이용하기도 힘들다.

머신 운동은 기능적이지 않다는 것도 단점이다. 우리는 삼차원에 살고 있기 때문에 실생활에서의 움직임은 다음 그림과 같이 삼면에서 복합적으로 일어난다. 우리가 힘을 쓰는 일상적인 행동이나 스포츠 활동 같은 기능적인 움직임은 항상 삼면에서 함께 일어나게 마련인데, 머신 운동은 이를 완전히 제한하고 한 면에서만 움직이도록 한다. 즉 머신

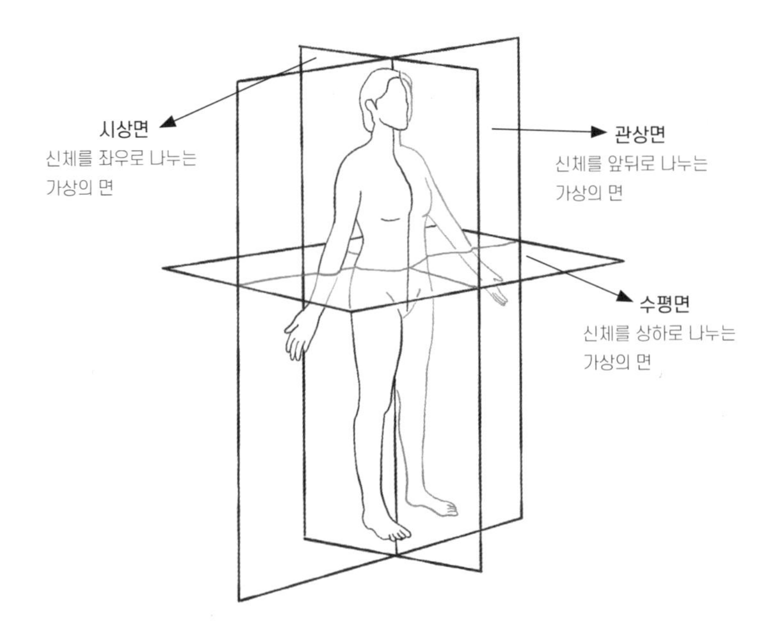

운동에서 일어나는 움직임은 기능적인 움직임과는 근본적으로 다르기 때문에 머신 운동은 기능적인 움직임에는 도움이 되지 않는다.

프리웨이트 운동이 나을까, 머신 운동이 나을까

앞서 설명한 내용을 종합해보면, 결국 두 가지 운동을 다 하는 것이 좋다. 프리웨이트 운동과 머신 운동은 각자 장단점이 있고, 각각의 장점을 활용하면 각각의 단점을 상당 부분 해결할 수 있다. 무엇보다 여러 가지 운동을 할 수 있는 환경에서 굳이 한 쪽만 선택하는 것은 현명한 행동이 아니다. 따라서 운동 목적과 운동 숙련도에 따라 적절한 운동법을 고르면 된다. 초급자와 중급자 모두 프리웨이트 운동과 머신 운동을 함께하는 것이 가장 바람직하고, 상급자 또한 프리웨이트 운동을 보완하기 위해 머신 운동을 활용할 수 있다는 연구도 있다.

그럼에도 굳이 둘 중 하나를 골라야 한다면 프리웨이트 운동을 추천한다. 프리웨이트 운동은 머신 운동과 비교해 상대적으로 부상 위험이 높다는 것을 인지하고, 높은 무게를 가진 기구를 다루기 전에 충분히 연습하면서 바른 자세와 바른 운동법을 익히면 충분히 단점을 극복할 수 있다. 반면 머신 운동의 단점은 머신의 특수성에서 나오는 것이기 때문에 바꿀 수 없다. 이러한 이유로 효과적인 운동을 하고 싶다면, 프리웨이트 운동을 기본으로 한 후에 운동이 부족한 부위를 머신 운동으로 보충하는 것이 좋다.

프리웨이트 운동과 머신 운동의 단점을 보완한 운동기구도 있다.

케이블머신

바로 케이블머신이다. 케이블머신 운동은 머신을 이용하는 운동이지만, 궤적이 정해져 있지 않고 자유롭게 원하는 운동을 할 수 있다는 점에서 프리웨이트 운동의 특성을 띄고 있다. 더욱이 케이블머신은 도르래와 케이블을 이용하여 중력 때문에 발생하는 저항의 방향을 바꿀 수 있으며, 이를 충분히 활용하면 정말 다양한 운동을 할 수 있다. 이는 프리웨이트 운동의 단점 중 유일하게 절대 바꿀 수 없는 '중력 방향으로의 운동만 가능하다'는 단점을 완전히 보완한다.

5 운동으로 테스토스테론 수치를 높일 수 있을까?

도핑 약물인 아나볼릭 스테로이드를 사용하지 않고도 운동으로 테스토스테론 등 근육 합성에 도움이 되는 호르몬 수치를 높일 수 있다. 테스토스테론 수치를 높이려면 운동 강도와 세트 수는 최소한의 기준, 즉 약 1RM의 70~80퍼센트 무게로 10회씩 6세트 이상 운동해야 한다. 운동 강도와 세트 수를 곱한 운동 볼륨 역시 일정 수치를 넘겨야 한다. 또한 스쿼트나 데드리프트처럼 여러 관절을 복합적으로 사용하는 운동이 효과적이다.

테스토스테론은 자연적으로 분비되는 남성호르몬 중 근육 합성을 촉진하는 가장 강력한 호르몬이다. 테스토스테론 호르몬은 근육 조직 내에서 단백질 생성과 저장량을 늘리는 단백 동화작용을 촉진시키는 동시에 근육의 이화, 즉 분해작용은 억제시켜 근육의 합성을 유도한다. 하지만 혈액 내에 존재하는 모든 테스토스테론이 근육 합성을 촉진하는 것은 아니다. 혈액 내 테스토스테론 중 0.2~2퍼센트 정도만이 다른 물질과 결합하지 않는 자유로운 형태로 돌아다니면서 근육 합성에 관여한다. 이를 자유 테스토스테론이라고 한다.

반면 혈액 내 테스토스테론의 98~99퍼센트는 성호르몬 결합 글로불린sex hormone-binding globulin, SHBG과 알부민albumin으로 대표되는 운반단백질과 결합한 상태로 존재한다. 이 중 테스토스테론과 SHBG와의 결합은 매우 견고하여 쉽게 분리되지 않기 때문에 체내에서 다른 용도로 쓰일 수 없다. 이와 반대로 알부민과 테스토스테론의 결합은 비교적 약한 편이기 때문에 알부민 결합 테스토스테론은 알부민과 분리되어 근육 조직에 도달한 후 근육 합성을 촉진시킬 수 있다. 자유 테스토스테론과 알부민 결합 테스토스테론을 아울러 생체이용가능 테스토스테론이라고 부른다.

일반적으로 남성의 테스토스테론 수치는 30세에 정점에 이르고, 그 후부터는 매년 1~2퍼센트씩 꾸준히 떨어진다. 반면 SHBG 수치는 나이가 들어감에 따라 증가하기 때문에 30세 이상 일반 남성의 생체이용가능 테스토스테론 수치는 전체 테스토스테론 수치보다 더 급격하게 감소한다. 그렇다 보니 많은 보디빌더와 운동을 즐겨 하는 일반인은 아나볼릭 스테로이드를 투여하여 테스토스테론의 수치를 인위적으로 높이기도 한다. 아나볼릭anabolic은 동화작용, 즉 여기서는 근육량이 증가하는 것을 말한다.

하지만 잘 알려져 있듯이 보디빌딩협회에서는 보디빌딩 선수의 아나볼릭 스테로이드 사용을 엄격하게 금지하고 있다. 아나볼릭 스테로이드를 사용해 인위적으로 테스토스테론 수치를 높이면 체내에서 수많은 부작용을 일으켜 위험하기 때문이다. 그렇다면 약물을 주입하는 도핑을 하지 않고 신체 활동을 통해 자연스럽게 테스토스테론의 수치를 높이는 방법은 없을까?

운동 상태와 테스토스테론 수치

스티브Steeves JA가 2016년 피험자의 운동 상태와 혈중 테스토스테론 수치를 비교한 단면조사연구(특정 시점에서 얻은 데이터에 대한 연구)에 따르면, 일반적으로 한 개인의 운동 상태와 혈중 테스토스테론 수치는 아무 상관관계가 없다. 이 연구는 738명을 METs에 기반해 세 집단으로 나누어 진행했다. 여기서 METs란 Metabolic Equivalent of Task score의 약자로, 운동할 때 우리 몸이 얼마만큼의 산소와 열량을 소비하는지 나타내는 수치다. 세 집단은 각각 METs 499 이하(주당 2.5시간 이하 혹은 매일 20분 미만 운동), METs 500 이상 1554 이하(주당 2.5~7.5시간 혹은 매일 20~65분 운동), METs 1555 이상(주당 7.5시간 이상 혹은 매일 65분 이상 운동)으로 구성했다. 또한 연령과 비만도를 가늠하는 BMI 지수로 나눈 집단별 테스토스테론 수치도 제시했다.

이 연구는 여러 시간대에 걸쳐 수집된 데이터를 사용하지 않았다는 점, 개인의 운동 상태를 피험자가 스스로 적었다는 점, 운동 상태를 유산소운동과 근력운동으로 구분할 수 없다는 점 등에서 한계가 명확하다.

2008년 호킨스Hawkins VN가 12개월 동안 122명의 성인 남성을 대상으로 중·고강도 유산소운동 후 테스토스테론 수치를 측정한 연구도 있다. 이 연구 역시 피험자들의 자유 테스토스테론 수치가 대조군과 큰 차이가 없었다. 하지만 피험자들의 디하이드로 테스토스테론 dihydrotestosterone, DHT 수치는 눈에 띄게 증가했다. DHT는 테스토스테론이 5-알파환원효소에 의해 변환된 물질로, 탈모에 큰 영향을 끼치는 것으로 밝혀졌으나 근육 생성과의 상관관계는 아직 명확하게 드러나지 않았다. 따라서 중·고강도 유산소운동은 자유 테스토스테론의 수치를 높이지 못하며 근육 합성에도 그다지 효과적이지 않다는 결론을 내릴 수 있다.

이와 달리 근력운동은 많은 연구에서 테스토스테론 수치와 자유 테스토스테론 수치를 모두 높이는 것으로 밝혀졌다. 그런데 이러한 효과는 오래 지속되지 못하고, 운동 직후 가장 높은 테스토스테론 수치 증가를 보인 후 30분 정도 지나면 평소와 같은 수준으로 떨어졌다.

1998년 크래머Kraemer WJ의 연구에 따르면, 신체 조성이 비슷한 30세 남성 8명과 62세 남성 9명을 대상으로 10RM(1RM은 1회 반복할 수 있는 최대 무게이므로, 10RM은 10회 들 수 있는 무게) 강도의 스쿼트를 10회씩 5세트 한 후 테스토스테론 수치를 측정했다. 다음 그래프와 같이 두 집단 모두 총 테스토스테론 수치와 자유 테스토스테론 수치가 상승했다. 그중에서도 30세 남성 집단의 테스토스테론 수치 증가율이 더 높았다.

근력운동과 테스토스테론 수치의 대략적인 상관관계를 파악하기 위한 여러 연구가 있다. 하지만 동일한 대상의 테스토스테론 수치를 측정하더라도 운동 볼륨과 종류, 운동 순서 등 부수적인 조건이 달라지면 테스토스테론 수치의 변화 양상 역시 달라질 수 있다. 따라서 근력운동과 테스토스테론 수치의 상관관계는 좀 더 다양한 각도에서 바라볼 필요가 있다.

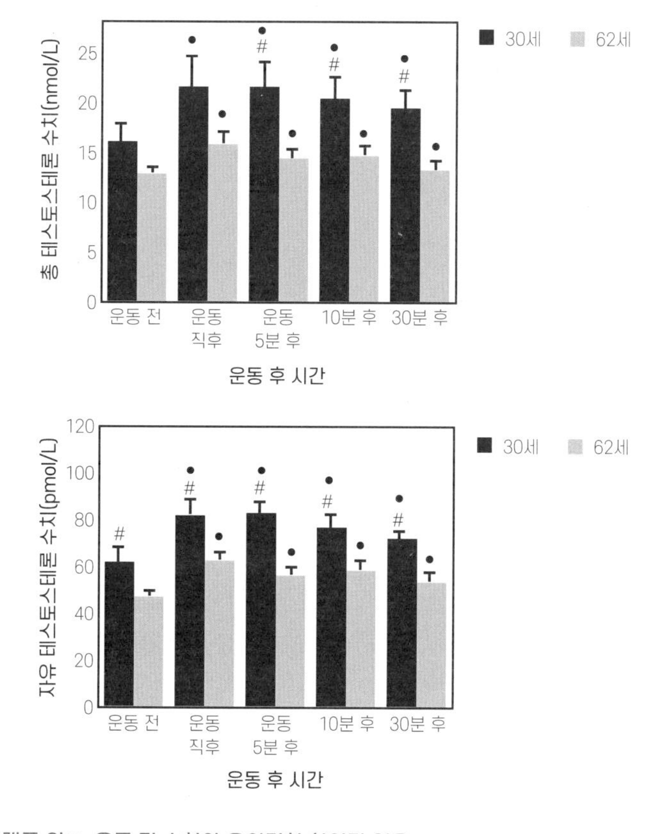

그래프 위●: 운동 전 수치와 유의미한 차이가 있음
그래프 위 #: 30세 집단과 62세 집단의 수치에 유의미한 차이가 있음

운동 강도와 운동 볼륨, 테스토스테론 수치

운동 강도는 운동을 할 때 신체에 얼마만큼의 저항을 가하고 있느냐를 나타내는 지표다. 연구결과 테스토스테론 수치의 상승을 유도하기 위해서는 일정 강도 이상의 운동을 해야 한다. 한 연구에 따르면, 스쿼트와 벤치프레스를 1RM의 52.5퍼센트로 6회씩 4세트를 한 집단과

1RM의 40퍼센트로 6회씩 3세트를 한 집단 모두 테스토스테론 수치의 변화는 없었다. 반대로 1RM의 77퍼센트 정도로 10RM, 10회씩 5세트를 한 집단에서는 테스토스테론 수치가 유의미하게 증가했다. 그렇다고 해도 운동 강도가 테스토스테론 수치에 영향을 줄 수 없으며, 운동 강도가 높더라도 운동을 반복한 세트 수가 적으면 테스토스테론 수치는 변하지 않았다.

운동 볼륨은 운동하는 사람이 운동을 하는 동안 자신의 몸에 가한 운동 강도의 총량을 의미한다. 운동 볼륨은 운동 강도×세트 수×반복 횟수로 구하며, 이 수치가 높을수록 몸에 가한 부담이 크다는 뜻이다. 연구결과에 따르면, 근력운동으로 테스토스테론 수치를 상승시키기 위해서는 반드시 일정 수치 이상의 운동 볼륨을 수행해야 한다.

하지만 운동 볼륨이 같더라도 운동 강도와 세트 수의 구성에 따라 테스토스테론 수치의 변화 양상은 달라질 수 있다. 실제로 두 집단에게 동일한 운동 강도와 반복 횟수를 주고, 세트 수만 각각 1세트와 6세트를 하게 했을 때 6세트를 수행한 집단에서만 테스토스테론 수치가 상승했다. 1RM의 80~88퍼센트로 각각 5회×2세트, 5회×4세트, 5회×6세트씩 운동한 세 집단을 비교한 또 다른 연구에서는 세 집단 모두 테스토스테론 수치가 상승하지 않았다. 따라서 운동 강도와 세트 수 역시 테스토스테론 수치 상승에 각각 하나씩의 변화만으로는 영향을 주지 못한다. 테스토스테론 수치를 높이려면 운동 강도와 세트 수라는 두 가지 변수 모두 최소한의 기준을 넘어야 하고, 두 변수를 곱한 운동 볼륨 역시 일정 수치를 넘겨야 한다고 유추할 수 있다.

테스토스테론 수치는 근력운동을 할 때 얼마만큼의 근육이 동원되는지와도 관련이 있다. 한 연구에 따르면, 하체에 비해 비교적 근육의 크기가 작은 상체 근육운동을 활발하게 할 때는 테스토스테론 수치가 운동 전 상태에 비해 높아지지 않았다. 일반적으로 더 많은 근육을 동원해 운동을 수행할 때 운동의 총 볼륨 역시 상승시킬 수 있다. 테스토스테론 수치를 상승시키려면 스쿼트나 데드리프트 같은 다관절 운동이 레그 익스텐션이나 레그컬 같은 단일관절 운동보다 효과적이다.

이를 운동 순서에 적용해 다관절 운동을 먼저 한 다음 단일관절 운동을 하면 뒤따르는 운동의 효과를 극대화할 수 있다.

여성의 테스토스테론 수치와 신체 활동

근력운동 직후 남성들의 테스토스테론 수치가 상승하는 것은 고환의 조직세포 중 하나인 라이디히세포와 깊은 연관이 있는 것으로 밝혀졌다. 하지만 여성들은 선천적으로 라이디히세포가 없기 때문에 이 부분에서 남성과 여성의 차이가 발생할 수 있다. 여성의 테스토스테론 수치와 근력운동 간의 상관관계를 밝힌 연구가 있다. 연구결과 윗몸일으키기, 벤치프레스, 레그프레스를 10RM의 강도로 10회씩 5세트를 수행한 남성들의 테스토스테론의 수치는 상승했으나, 여성들의 테스토스테론 수치는 상승하지 않았다.

이 밖에도 다양한 연구에서 여성의 테스토스테론 수치와 신체 활동 간의 상관관계를 규명하려고 했으나 아직은 일관된 연구결과가 나오지 않고 있다.

6 운동 전 커피, 마시면 좋을까?

카페인은 체지방 감소와 근지구력 향상에 도움이 되지만, 유산소운동 능력 향상이나 근력 향상에는 큰 효과가 없다. 카페인으로 운동 효과를 보려면 70킬로그램 성인을 기준으로 스타벅스 아이스 아메리카노 톨사이즈는 2~4잔, 레드불은 3~5캔을 마셔야 한다. 차라리 커피보다는 정제된 알약 형태로 섭취하는 것이 더 효율적이다. 그러나 카페인도 여러 부작용이 있으므로 반드시 건강 상태에 따라 양을 조절해야 한다.

운동하는 대다수가 카페인을 섭취하면 지방 분해와 근력 향상을 촉진시킬 수 있다고 알고 있다. 최근에는 운동 중에 아메리카노를 마시는 것이 유행처럼 퍼져 많은 헬스장에서 카페를 함께 운영하고 있다. 그런데 정말 카페인을 섭취하는 것이 운동에 도움이 될까? 도움이 된다면 우리 몸에서 어떤 작용을 하는 것일까? 이번 장에서는 카페인 섭취와 운동의 관계에 대해서 알아보자.

카페인이 운동 능력을 향상시키는 원리

1978년 카페인의 운동 증대 효과ergogenic effect가 처음 알려진 이후 카페인과 운동의 상관관계는 수많은 연구자의 관심 주제였으며, 이미 수많은 연구결과로 입증된 사실이다. 카페인은 특히 유산소운동의 효율을 증가시키는 데 유의미한 효과가 있으며, 근력과 근지구력을 증가시키고 지방산 분해를 촉진하여 다이어트에도 도움이 된다. 하지만 지금까지의 연구결과를 종합해보면 카페인이 유산소운동 능력이나 근력을 증가시키는 정도는 그리 크지 않다. 다만 체지방 감소와 근지구력 향상에는 큰 도움이 되는 것으로 알려져 있다.

카페인은 운동에 어떤 영향을 미치는 걸까? 카페인이 운동 능력을 향상시키는 메커니즘에 대해서는 지금까지 여러 가지 가설이 제기되었다. 가장 보편적인 가설은 카페인이 아데노신 대신 아데노신 수용체에 결합하여 아데노신의 작용을 방해함으로써 운동 능력을 향상시킨다는 설명이다. 아데노신은 강력한 혈관확장제이자 통증을 늘리고 졸음을 유발하는 작용을 하는데, 카페인은 아데노신과 분자구조가 유사하여 아데노신 수용체에 경쟁적으로 결합함으로써 아데노신의 작용을 방해한다. 따라서 통증을 느끼는 아데노신의 작용이 억제되어 진통 효과와 각성 효과를 나타내는 것이다.

카페인의 각성 효과는 이미 잘 알려져 있다. 그런데 카페인에는 진통 효과도 있다. 좀 더 자세히 살펴보겠지만 카페인은 운동 중 생기는 근육통을 완화시켜 더 많은 근력을 낼 수 있게 하고, 근피로도 덜 느끼도록 만들어 운동 효율이 증가할 수 있다.

이는 카페인이 운동 능력을 향상시키는 주요 메커니즘 중 하나다. 카페인의 진통 효과는 운동뿐 아니라 임상적으로도 활용될 수 있다. 두통 완화를 위해서 아세트아미노펜acetaminophen 진통제인 타이레놀에 카페인을 첨가하여 진통 효과를 향상시키는 경우가 대표적이다.

카페인이 운동에 미치는 영향

카페인이 운동에 미치는 영향에 관하여 지금까지 알려진 사실들을 종합한 우산 리뷰umbrella review가 있다. 우산 리뷰는 리뷰 논문들을 다시 한번 정리하여 종합적으로 정리한 논문을 의미한다. 리뷰 논문들의 리뷰 논문이며, 현존하는 다양한 연구결과를 폭넓게 보여줄 수 있다. 실제로 많은 연구결과에서 카페인은 운동 자각도 감소와 근지구력 향상에 유의미한 도움을 주는 것으로 밝혀졌다. 반면 유산소운동 능력과 근력 향상은 체감할 정도의 효과를 기대하기 어렵고, 체지방 감소에 대해서도 아직 명확히 밝혀진 것이 없다. 이제부터 운동 영역별로 카페인의 구체적인 영향에 대해 살펴보자.

카페인은 운동 자각도에 얼마나 영향을 줄까? 운동 자각도rating of perceived exertion, RPE는 운동할 때 느끼는 주관적인 감정을 6부터 20까지 숫자 척도로 나타낸 운동 강도로, 신뢰성이 높고 실용적인 지표다. 최솟값인 척도 6은 운동 수행 중에 가장 편안함을 느낄 때이고, 20은 최대의 힘을 발휘할 때를 가리킨다. 카페인은 아데노신 수용체에 길항적으로 작용하여 통증을 완화시킬 수 있다. 이러한 카페인의 진통 효과 덕분에 운동 중에 생기는 통증을 덜 느끼게 되어 더 많은 근력을 낼 수 있고, 근피로도 덜 느끼게 되어 운동 효율이 증대될 수 있다. 카페인이 운동 자각도에 미치는 영향에 관하여 분석한 리뷰 논문에 따르면, 총 21개의 연구결과를 메타분석했더니 카페인 섭취 후 운동 자각도가 평균 0.8 정도 유의미한 감소를 보였다.

카페인 섭취는 근지구력 향상에도 많은 도움이 될 수 있다. 평균 19개의 연구결과를 분석한 2개의 리뷰 논문을 분석했더니 모두 카페인이 근지구력 향상에 도움이 되는 것으로 나타났으며, 카페인을 섭취했을 때 근지구력을 14퍼센트나 향상시킬 수 있다고 한다. 카페인이 근지구력에 미치는 영향에 관한 연구결과들은 카페인이 근력에 미치는 영향에 관한 연구들과 비교했을 때, 연구결과의 차이가 적은 편이어서 신빙성이 높다.

카페인이 유산소운동에 미치는 영향을 분석한 결과 70킬로그램 성인이 운동 전에 스타벅스 아메리카노 세 잔을 먹어도 효과가 미미한 것으로 나타났다. 각각 평균 23개 연구결과를 분석한 총 9개의 리뷰 논문을 분석했더니 대다수 연구결과에서 카페인이 유산소운동 효과를 높일 수 있는 것으로 밝혀졌다. 하지만 효과는 그리 크지 않았다. 한 연구에서 피험자들이 체중 1킬로그램당 평균 5.0밀리그램의 카페인을 운동 60분 전에 섭취하도록 했다. 그 후 사이클을 타고 정해진 거리를 1시간 동안 달렸을 때와 카페인을 섭취하지 않았을 때를 비교하자 시간이 평균 2퍼센트 단축되는 것을 확인했다. 카페인이 유산소운동에 도움이 되긴 하지만 체감할 정도로 크지는 않았다.

유산소운동과 비슷하게 카페인 섭취가 근력 향상에도 조금은 도움이 되지만 실질적으로 큰 차이를 보이지 않았다. 평균 13개 연구결과를 분석한 총 4개의 리뷰 논문을 분석했더니 총 3개의 리뷰 논문에서 카페인이 근력 향상에 도움이 되는 것으로 나타났다. RM을 기준으로 하면, 카페인을 섭취한 후 1RM이 2~3퍼센트 향상되었고, 특히 상체 근력의 향상에 도움이 되었다. 그러나 이 역시 체감상 큰 변화를 기대하기는 어렵다.

마지막으로 카페인이 체지방 감소에 미치는 영향은 아쉽게도 결론을 내리기에는 연구가 부족한 상태다. 그러므로 카페인이 체지방 감소에 도움을 준다고 단정 짓기는 어렵다. 카페인이 체지방 감소에 효과가 있다고 한 몇몇 논문에 따르면, 카페인은 고리형 아데노신 일인산이라는 체내 신호전달물질을 증가시키고, 에피네프린 같은 신경전달물질을 촉진하여 지방산의 산화를 촉진한다. 이때 체내에서 발생하는 열이 증가해 열량 소모에 도움을 줄 수 있다고 한다.

또한 카페인이 기초대사량 증가에 미치는 영향을 분석한 연구결과도 있다. 아침 공복 상태일 때 카페인을 섭취하면 기초대사량이 증가할 수 있다고 한다. 또 다른 연구에서는 체중 1킬로그램당 카페인을 3밀리그램 섭취한 후 최대 호흡량의 65퍼센트 수준으로 1시간 동안 사이클을 타도록 했다. 이 집단을 카페인을 복용하지 않고 사이클을 탄 집단과 비교했더니 지방산의 산화가 평균 10.4그램 증가했다.

카페인을 제대로 섭취하는 법

많은 사람이 알고 있던 대로 카페인이 운동 효과가 있기는 하지만, 그렇게 크지 않다는 것이 지금까지 밝혀진 연구결과다. 그렇다면 카페인을 어떻게 섭취해야 조금이라도 운동 효과를 높일 수 있을까?

가장 일반적인 방법은 커피를 마시거나 홍차, 초콜릿 등을 먹는 것이다. 하지만 운동 중 아메리카노 한 잔을 마시는 것은 기대만큼 큰 도움이 안 될 수 있다. 우선 카페인은 몸에 흡수되어 혈중농도가 최대치에 도달할 때까지 30분~1시간이라는 긴 시간이 필요하다. 따라서 운동 중 섭취할 경우 정작 필요한 순간에는 카페인의 효과가 제대로 발휘되기 어렵다. 게다가 아메리카노 한 잔에 들어 있는 카페인 양은 약 100밀리그램 정도로 운동 효율을 증가시키기에는 적은 양이다.

그렇다면 커피 대신 흡수가 빠른 정제된 카페인 알약, 즉 카페인 무수물caffeine anhydrous을 먹으면 되지 않을까 하는 생각이 들 것이다. 실제로 많은 연구에서 카페인 알약이 커피보다 효과적인 것으로 나타났다. 커피 등 카페인이 다량 함유된 식품에는 카페인 말고도 클로로겐산 등 다른 물질이 포함되어 있고, 이러한 물질이 카페인의 작용을 억제할 수 있기 때문이다. 그리고 카페인이 운동 능력을 향상시킨다는 주장의 대부분은 피험자들에게 카페인을 알약 형태로 복용시킨 후 연구를 진행했다. 따라서 카페인 알약을 복용하는 것이 가장 확실한 방법이다.

다만 카페인을 섭취할 때는 몇 가지 주의해야 한다. 카페인을 장기간 복용하면 같은 용량을 복용했을 때 효과가 감소하는 내성이 생길 수 있다. 카페인은 아데노신 수용체에 길항적으로 결합하여 다양한 작용을 한다고 설명했다. 그런데 카페인을 장기간 복용하여 아데노신이 아데노신 수용체에 오랫동안 결합하지 못하면 우리 몸은 아데노신 수용체를 증가시키는 보상작용을 한다. 따라서 더 많은 양의 카페인을 복용해야만 이전과 같은 효과를 얻을 수 있게 된다. 카페인을 오랫동안 섭취하다가 갑자기 끊으면, 이전보다 아데노신이 증가하여 두통, 무기력 등의 금단현상이 발생하기도 한다.

이 밖에도 카페인은 사람에게 다양한 부작용을 일으킬 수 있다. 앞서 살펴본 연구들에 따르면, 카페인의 운동 효율이 증가하는 효과를 최대화하기 위해서는 체중 1킬로그램당 4밀리그램이라는 상당히 많은 카페인을 섭취해야 했다. 카페인의 운동 효율이 증가하는 효과는 체중 1킬로그램당 3~6밀리그램의 카페인을 운동 30~90분 전에 섭취할 때 가장 높다고 한다. 하지만 카페인을 과다 섭취하면 불면증과 불안감, 심박수 증가로 인한 가슴 두근거림과 혈압 상승, 빈혈 유발, 위장장애 등 다양한 부작용이 발생할 수 있기 때문에 주의해야 한다. 참고로 70킬로그램 성인 남성을 기준으로 했을 때, 체중 1킬로그램당 3~6밀리그램의 카페인은 210~420밀리그램에 해당하는 양이다. 쉽게 말해 스타벅스 톨 사이즈 아메리카노 기준 2~4잔, 몬스터 에너지 드링크 기준 2~4캔, 레드불 기준 3~5캔을 마셔야 하는 양이다.

미국 식품의약국과 우리나라 식약처에서는 건강한 성인을 기준으로 카페인의 하루 섭취량을 400밀리그램 이하로 제한할 것을 권고하고 있다. 사람마다 체내 카페인 농도가 줄어드는 카페인 대사 속도에 차이가 있기 때문에 부작용을 고려해 양을 조절하며 섭취해야 한다. 임신 중이거나 임신을 계획하고 있는 사람, 모유 수유 중인 사람은 하루에

200밀리그램 이상 섭취하지 않는 것이 좋다. 항우울제, 진통제, 감기약 등 다른 약을 복용하고 있는 사람, 어린이와 청소년도 카페인 섭취에 주의해야 한다.

7 허벅지 운동을 하면 허벅지 살이 빠질까?

최근 연구에서 두 가지 조건을 만족하면 다른 부위에 비해 근력운동을 한 부위의 지방을 더 많이 뺄 수 있는 것으로 밝혀졌다. 첫째 충분한 고강도 근력운동을 하고, 둘째 그 후에 유산소운동을 해야 한다. 운동을 하면 근육과 주변 지방세포에 들어가는 혈류량이 증가해 체지방 분해를 촉진하는 호르몬이 해당 부위에 더 많이 작용한다. 그만큼 체지방 분해도 촉진된다.

"허벅지 살을 빨리 빼는 운동 있으면 가르쳐줘."

운동 좀 하는 사람이라면 주변 친구들에게 한 번 정도는 꼭 듣는 말이다. 이때 사람들은 보통 두 가지 반응을 보인다. 첫 번째 반응은 친절하게 스쿼트와 런지를 비롯한 하체운동을 하라는 것이다. 어찌됐든 운동을 하지 않는 것보다는 살이 빠질 테니까. 두 번째 반응은 "그럼 얼굴 살을 빼려면 얼굴 운동을 해야 해?"라며 말도 안 되는 얘기를 들은 양

헛웃음을 짓는 것이다.

사실 명확하고 간단하게 답할 수 있는 말은 아니다. 어떤 특정 부위를 운동했을 때 해당 부위의 살이 더 많이 빠지는지에 관해서는 오랫동안 여러 연구가 진행되어왔다. 연구결과가 너무 다양해서 명확한 결론을 내릴 수 없기 때문이다. 도움이 된다는 주장과 그렇지 않다고 주장하는 연구가 거의 비슷하나, 아직까지는 부위별 운동이 해당 부위의 살을 빼는 데 도움이 되지 않는다는 주장이 우세한 편이다.

원하는 부위의 지방만 뺄 수 있다

그런데 가장 최근 연구에 따르면, 두 가지 조건을 만족할 경우 특정 부위 운동으로 해당 부위의 지방을 뺄 수 있다는 연구결과가 나왔다.

1 충분한 고강도 근력운동을 먼저할 것(1RM의 70~90퍼센트).

2 고강도 근력운동에 뒤이어 유산소운동을 병행할 것.

2017년 팔럼보Palumbo A의 연구는 이 두 가지 조건을 만족하면 특정 부위의 지방을 뺄 수 있다고 밝혔다. 이 연구는 25~40세 사이의 활동적이지 않은(주 1시간 이하로 운동) 건강한 성인 여성 16명을 대상으로 진행됐다. 이들을 두 집단으로 나누어 8주 동안 한 집단은 상체 근력운동만, 한 집단은 하체 근력운동만 시켰다. 근력운동 후에는 30분 동안 유산소운동을 하도록 했다. 근력운동은 1RM의 60퍼센트로 여러 운동기구를 최대 수축 속도로 10회씩 3세트 반복했고, 세트 간 휴식은 30초였다. 유산소운동은 최대 산소 섭취량의 50퍼센트 수준으로 진행했다. 실험 전후에는 체지방량, 제지방량, 피부두겹(피하지방) 두께를 측정했다.

이 연구의 결과는 어떻게 나왔을까? 다음 그래프와 같이 운동이 끝난 뒤 실험 전후로 상체 근력운동을 한 집단은 상체 지방 감소량이 하체 지방 감소량보다 유의미하게 높았고, 하체 근력운동을 한 집단은 하체 지방 감소량이 상체 지방 감소량보다 유의미하게 더 높았다. 제지방량은 상체 근력운동 집단에서는 유의미한 차이가 없었으나, 하체 근력운동 집단에서는 하체의 제지방량이 상체에 비해 유의미하게 증가했다.

또한 상체 근력운동 집단은 상체 피부두겹을 대표하는 삼두근의 피부두겹이 얇아졌고, 하체 근력운동 집단에서는 하체 피부두겹을 대표하는 넓적다리의 피부두겹이 얇아졌다. 다시 말해 상체 근력운동을 한 집단에서는 상체 지방이 더 많이 감소하고, 하체 근력운동을 한 집단에서는 하체 지방이 더 많이 감소했다는 결과가 나왔다.

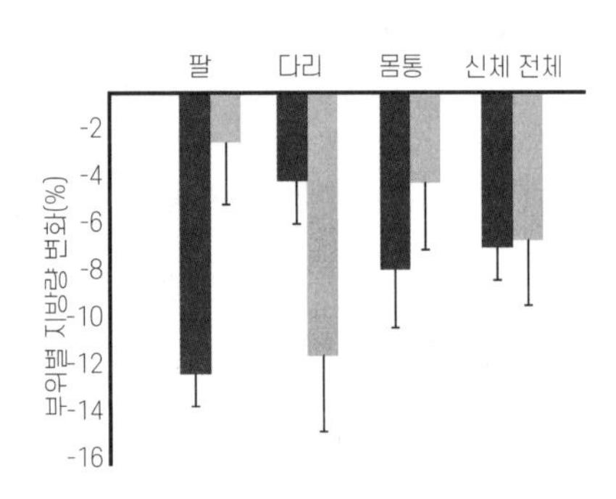

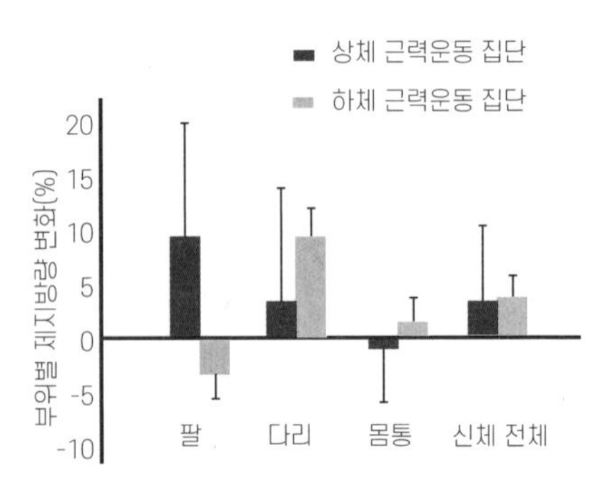

특정 부위의 지방이 감소하는 이유

어느 정도 운동 경험이 있는 사람들이라면 선뜻 납득하기 어려운 연구결과일지도 모르겠다. 해당 연구자의 의견을 통해 어떻게 이런 결과가 나타날 수 있는지, 그 안에 숨어 있는 메커니즘을 추측해보자. 먼저 운동할 때 체지방 분해의 조절 메커니즘을 이해해야 한다.

체지방 분해는 우리 몸의 여러 호르몬이나 물질과 연관된 다양한 메커니즘을 통해 조절된다. 특히 운동할 때 일어나는 체지방 분해는 운동 중 호르몬 분비와 깊은 연관이 있다. 카테콜아민, 성장호르몬, 코르티솔, 인슐린, 심방 나트륨이뇨 펩티드 등 주로 당대사에 관여하는 호르몬이 여러 경로를 통해 체지방 분해를 촉진한다. 운동을 하면 기본적으로 효율적인 운동을 위해 호르몬 분비가 늘어나면서 체지방 분해가 일어나는 것이다.

카테콜아민은 베타수용체(교감신경계를 활성화하여 체지방 분해를 촉진)를 자극한다. 그리고 cAMP를 신호전달 매개체로 지방분해효소인 호르몬 민감성 지방분해효소를 활성화시켜 중성지방의 분해를 촉진한다. 운동할 때는 수축하는 근육과 그 주변의 지방세포로 들어가는 혈류량이 증가하기 때문에 그만큼 이런 호르몬들이 해당 부위에 더 많이 작용할 수 있고, 체지방 분해도 촉진되는 것이다.

하지만 이러한 메커니즘으로 특정 부위의 체지방 분해가 이루어지려면 한 가지 조건이 필요하다. 고강도 근력운동이 충분히 실시되어야 한다는 점이다. 고강도 근력운동은 유산소운동 등과 비교했을 때 카테콜아민을 포함한 다른 지방분해 조절인자들의 분비량을 더욱 증가시킨다. 연구결과도 고강도 근력운동을 시킨 집단이 저강도 근력운동을 시킨 집단에 비해 카테콜아민 농도가 더 높았고, 지방 분해도 증가했다.

하지만 실제로 체지방이 감소하려면, 체지방이 분해되는 과정뿐만 아니라 체지방이 분해되어 만들어진 유리지방산이 중성지방이 되어 다시 체지방으로 저장되는 과정을 막아야 한다. 고강도 근력운동은 기존에 저장되어 있던 인산크레아틴, 포도당 등에서 무산소성 에너지대사를 통해 단시간 동안 강하게 쓸 수 있는 방식으로 연료를 만든다. 전체 에너지 소비량이 적고 산소를 이용한 지방산의 산화 과정이 거의 동반되지 않는다. 반면 장기간 이뤄지는 유산소운동은 산소를 이용해 지방산을 산화시키는 방식으로 에너지를 생산하기 때문에 많은 지방산을 산화할 수 있다. 그러므로 고강도 근력운동을 한 다음 체지방 분해가 일어난다고 마냥 좋아하면서 운동을 끝낼 것이 아니라, 만들어진 유리지방산을 충분한 열량 소모와 함께 산화시켜야만 다시 체지방으로 합성되는 것을 막을 수 있다. 결과적으로 체지방을 줄이려면 고강도 근력운동을 통해 체지방 분해를 촉진시킨 다음, 유산소운동으로 체지방 분해의 산물인 유리지방산을 산화시켜 소모해야 한다.

이 연구자는 '근력운동 후 유산소운동'이 충분히 지켜지지 않았기 때문에 일부 연구에서 반대되는 결과가 나왔다고 설명한다. 즉 충분한 고강도 운동을 하지 않았거나 근력운동 후 열량 소모가 이루어지지 않았기 때문에 실제 체지방이 감소되지 않았다는 것이다. 효과적으로 체중을 감량하려면 무산소운동 이후 유산소운동을 병행해야 한다는 기존의 상식과도 일치한다.

물론 다른 부위에서도 지방 분해가 이루어지므로 운동한 부위의 살만 빠지는 것은 아니다. 그러나 근육 주변의 지방세포로 들어가는 혈류량이 증가하여 운동한 부위의 살을 더 효과적으로 뺄 수 있다는 것은 사실이다. 결국 누군가 '얼굴 살을 빼려면 얼굴 운동을 해야 할까'라고 물어본다면 '얼굴 운동을 1RM의 70퍼센트 강도로 충분히 수행할 수 있다면 이론상으로 가능하다'라고 대답할 수 있다. 하지만 얼굴 살이 빠져도 얼굴 근육 역시 단련되는 만큼 얼굴이 크게 보인다는 점은 감수해야 한다.

8

복부운동에 허리 통증은 숙명일까?

운동을 시작한 지 얼마 안 된 상태에서 장요근을 과하게 사용하는 무리한 복부운동은 허리 통증을 유발할 수 있다. 복근이 뒷받침되지 않았기 때문이다. 허리 통증을 피하기 위해서는 먼저 허리를 비롯한 코어 근육을 충분히 단련한 후 복부운동을 시작하고, 운동 전후로 반드시 스트레칭을 해야 한다. 복부운동 전후에 하면 도움이 되는 스트레칭으로 벤딩 웨이스트와 고양이자세를 추천한다.

운동하는 사람이라면 누구나 복근을 만들고 싶어 한다. 헬스장에서는 많은 사람이 초콜릿 복근을 떠올리며 윗몸일으키기 등 복근을 단련하는 운동을 한다. 그런데 복부운동을 꺼리는 사람도 있다. 허리가 아프기 때문이다. 분명 복부에 자극을 주려고 복부운동을 하는데, 다른 근육이 아파서 피하고 싶다니 난감하다.

앞서 복부를 포함한 그 주변 근육을 코어 근육이라고 했다. 복부와 허리는 우리 몸이 움직일 때 주축이 되는 부위이므로, 이 부위가 다치지 않도록 단련하는 코어 운동은 매우 중요하다. 특히 운동하는 사람이 무거운 기구를 들고 여러 정교한 동작을 수행하려면, 스쿼트나 데드리프트 같은 기본적인 코어 운동으로 코어 근육을 단련하지 않고서는 불가능하다.

코어 운동의 필요성은 아무리 강조해도 부족하지만 일반인들에게 퍼져 있는 잘못된 자세로 하는 코어 운동은 자칫하면 일상에도 지장을 줄 수 있다. 헬스장에서 다리를 들어올리는 레그레이즈나 윗몸일으키기를 하는 모습을 보면 사람들마다 자세가 다르다. 코어 운동의 일부인 복부운동은 누구나 할 수 있는 쉬운 운동이지만, 그만큼 잘못된 자세로 운동하기도 쉽다. 특히 복근이 뒷받침되지 않은 상태에서 무리하게 운동하면 부상을 당할 수도 있다.

허리를 이루는 주요 구조

복부운동에 대해 살펴보기 전에 먼저 허리 근육을 알아야 한다. 복부운동에는 복근뿐만 아니라 다른 근육들도 함께 사용된다. 허리를 굽히면서 복근이 수축하면 반대쪽 허리 근육은 이완되고, 균형을 잡기 위해 허리 양옆에 있는 근육이나 작은 근육들도 사용된다. 허리는 숙이고 펴고 돌리는 다양한 동작이 가능한 만큼 많은 구조물로 이루어져 있다. 이 중 중요한 몇 가지를 알아보자.

첫째, 척추기립근erector spinae이 있다. 척추기립근은 한 근육만을 가리키는 것이 아니고, 장늑근iliocostalis, 최장근longissimus, 극근spinalis으로 이루어진 묶음으로 척추 높이에 따라 다시 머리, 목, 등, 허리 부위로 나뉜다. 주로 등을 펴거나 돌리거나 척추 자세를 유지하는 기능을 한다. 척추기립근보다 더 깊은 척추와 가까운 곳에는 횡돌기극근transversospinalis 묶음이 존재하며, 세부적으로 반극근semispinalis, 다열근multifidus, 회선근rotator으로 나뉜다. 횡돌기극근의 기능도 척추기립근과 비슷하다. 여기서는 척추기립근과 횡돌기극근이 척추를 펴고 안정적으로 유지하는 역할에 기여한다는 점만 기억하면 된다.

둘째, 허리 가장 바깥쪽의 광배근과 엉덩이에서 가장 큰 근육인 대둔근을 안정적으로 연결해주는 등허리근막thoracolumbar fascia이 있다. 척추기립근과 횡돌기극근을 덮고 있는 다이아몬드 모양의 껍질과 같다. 등허리근막은 허리 근육의 안정화를 도와주며 웨이트 트레이닝을 할 때 허리 부위에 부하를 전달하는 기능을 한다. 해부학적으로 여러 층으로 나뉘어 있으며, 최근에는 허리 통증의 원인이 될 수 있음이 밝혀졌다. 한 연구에서 12개월 이상 만성적인 허리 통증을 호소하는 환자를 대상으로 초음파검사를 했더니 이들의 등허리근막이 정상인 평균보다 유의미하게 두꺼웠고, 초음파영상에서 어둡게 보여야 정상인 부분에서 밝게 나오는 비율이 높았다.

참고로 초음파영상에서 밝기가 변하는 현상은 주로 조직의 섬유화 과정이 진행되면서 거칠어졌을 때 발생한다. 등허리근막의 섬유화는 선천적인 원인도 있지만, 오랫동안 잘못된 자세를 하다 보니 등허리근막 주변의 염증이 지속되며 생겼을 수도 있다. 이렇게 비정상적인 등허리근막 상태가 계속되면 주변 근육의 움직임이 제한되고 만성적인 통증에

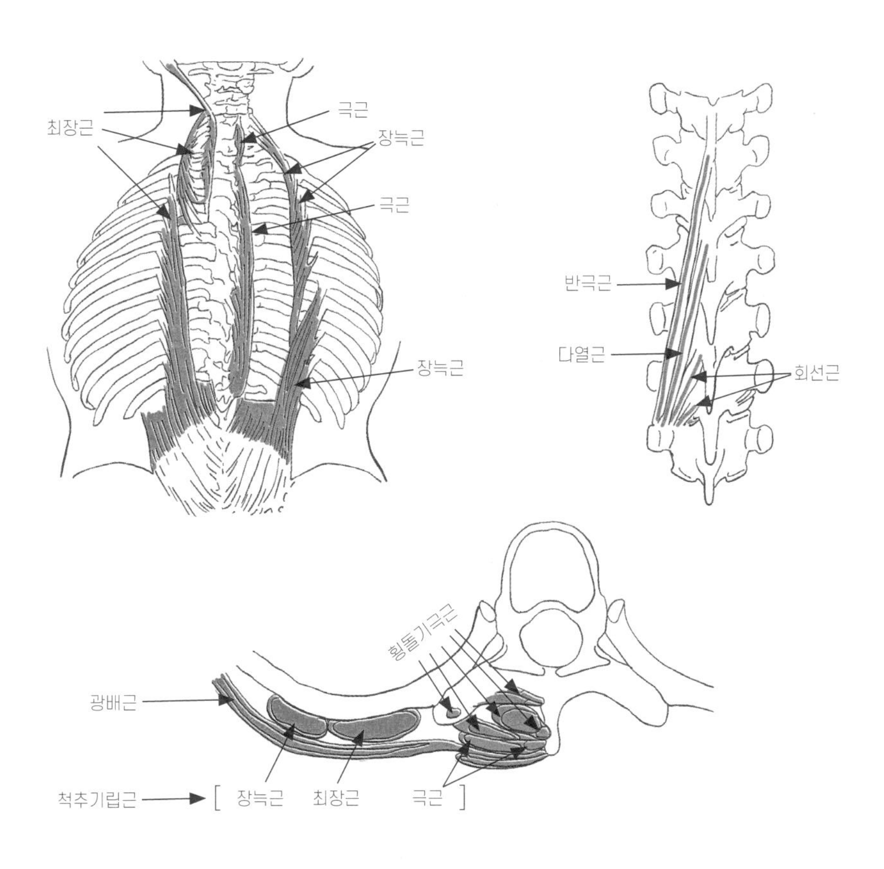
최장근
극근
장늑근
극근
장늑근
반극근
다열근
회선근
횡돌기극근
광배근
척추기립근
[장늑근 최장근 극근]

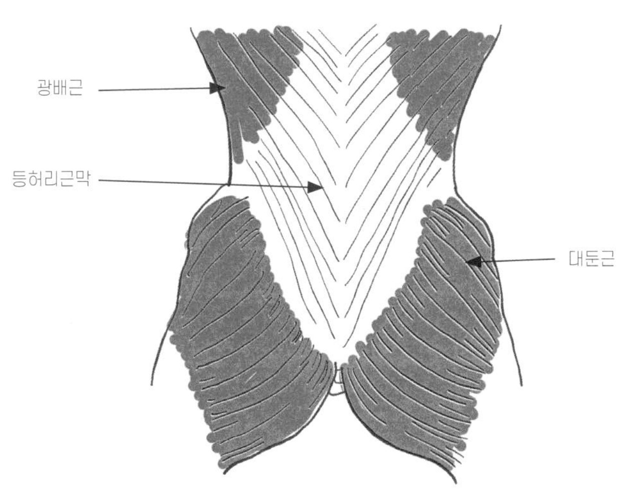
광배근
등허리근막
대둔근

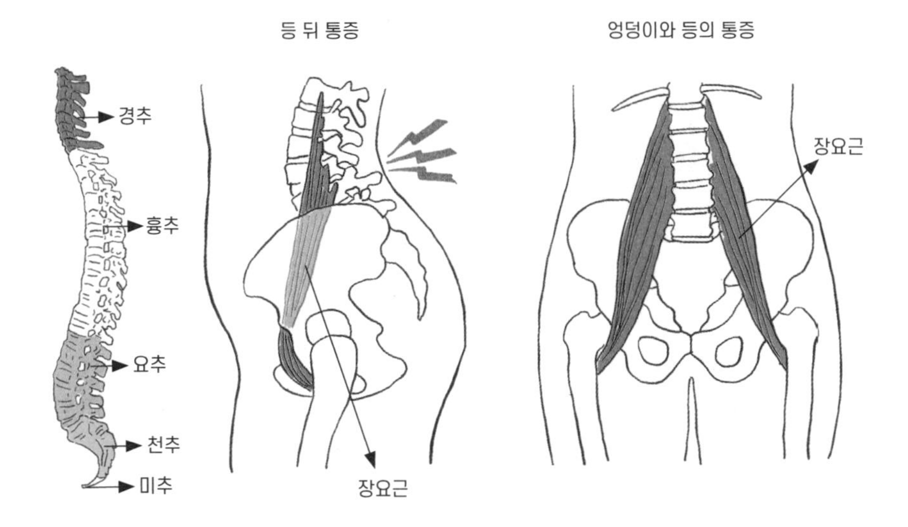

시달릴 수 있다. 따라서 복부운동이나 허리운동 전후에는 반드시 등허리근막을 스트레칭으로 풀어줘야 한다.

셋째, 허리를 굽히는 장요근iliopsoas muscle이 있다. 허리를 굽히는 데 관여하는 근육은 따로 허리근이라고 불릴 정도로 많다. 위치상 허벅지 상부에서 요추까지 이어져 있어서 복부운동을 할 때 허리에 부담을 주는 근육이 바로 장요근, 특히 대요근psoas major이다. 오래 앉은 자세로 지내거나 복근에 힘을 갖추지 않은 상태에서 윗몸일으키기, 레그레이즈 같은 복부운동을 무리하게 하면 장요근을 비롯한 다른 근육의 개입이 커진다. 이때 과수축된 장요근은 그 자체로 근육통을 일으키거나 요추를 아래로 잡아당겨 요추의 C자형 굴곡이 정상보다 심해지는 요추과전만을 유발할 수도 있다.

잘못된 복부운동은 허리 통증을 부른다

요추lumbar vertebrae는 척추에서도 아래에 있고 크기도 가장 크다. 골반과 함께 체중을 지탱하는 데 중요한 역할을 하기 때문에 요추과전만으로 부담이 커지면, 흔히 디스크라고 부르는 추간판탈출증의 원인이 되어 허리 통증과 다리저림이 생긴다. 일반적으로 요추과전만은 비만, 구루병(인과 칼슘의 대사 문제로 골격에 문제가 발생하는 질환) 등의 질병이나 잘못된 자세와 생활습관이 가장 큰 원인이다. 또한 운동 초보자의 무리한 크런치(윗몸일으키기와 비슷하나 상체를 완전히 올리지 않는 운동), 레그레이즈, 윗몸일으키기도 문제가 된다. 어느 정도 복부에 자극을 주는 운동이지만 장요근을 과하게 사용하는 일이 자주 발생하기 때문이다. 이 동작들을 올바르게 수행하려면 하복부의 힘이 매우 중요하다. 예를 들어 올바른 레그레이즈는 동작을 할 때 허리가 들리면 안 된다. 다리를 들어 올릴 때 허리가 들린다면 허리에 두 손을 받쳐서라도 허리의 개입을 최소화해야 한다. 아직 복근이 충분히 단련되지 않았다면 다른 운동으로 코어 근육을 키운 다음 복부운동을 시작하는 것이 좋다.

선명한 식스 팩을 얻기 위해 매일 복부운동만 하는 사람도 있지만, 일상에 필요한 복근을 넘어 과하게 발달하면 불균형이 생겨 문제가 될 수도 있다. 복근은 운동에만 사용되는 게 아니라 일상에서 걷고 물건을 나르고 숨을 쉴 때도 사용되는 부위이고, 다양한 작용을 하는 여러 근육이 겹겹이 쌓여 균형을 이루고 있기 때문이다. 복근을 발달시키고 싶다면 다른 운동을 적절히 섞어 함께해야 한다. 복부운동은 주 2~3회, 회당 10~20분 정도를 넘지 않도록 한다. 복근은 상대적으로 회복이 빠르기 때문에 짧은 간격으로 지속적인 자극을 주는 것이 중요하며, 강도 자체는 크게 신경 쓰지 않아도 된다.

복부운동이라도 모두 같은 근육을 자극하는 것은 아니고, 어떤 동작에 의해 자극을 더 받거나 덜 받는 근육들이 있다. 그래서 다양한 운동을 골고루 하는 것이 좋지만, 이왕이면 한 번에 복근 전체를 단련할 수 있다면 더욱 좋을 것이다. 이것저것 모두 신경 쓰기 힘들다면 가장 효율이 좋은 운동인 행잉 레그레이즈hanging leg raise와 앱-롤아웃abdominal roll out을 해보자. 이 두 운동은 수많은 복부운동 중에서도 근육 활성화에 가장 좋은 것으로 밝혀졌다.

행잉 레그레이즈는 바를 잡은 상태에서 레그레이즈 동작을 하는 운동이다. 이때 하체를 들어 올리며 골반이 함께 말려야 복근에 올바른 힘이 가해진다. 근육을 이완할 때는 최대한 천천히 다리를 원위치로 내리며 복부 이완에 집중한다. 다른 복부운동과 마찬가지로 장요근의 개입은 최소화해야 한다.

앱-롤아웃은 무릎을 바닥에 고정한 채 폼롤러나 바퀴 등의 기구를 사용하여 몸을 펴주는 동작이다. 이 과정에서 무릎 이외의 부위가 바닥에 닿지 않도록 하면서 복근이 이완되는 과정에 집중하고, 다시 몸을 말아주면서 복근의 수축을 유도하는 것이 핵심이다.

잊지 말아야 할 것이 있다. 아무리 운동을 열심히 했다 해도 운동 전후에 스트레칭을 하지 않으면 몸에 무리가 오거나 부상 위험이 높아진다는 점이다. 복부운동 전후에 하면 등허리근막 건강에 도움이 되는 스트레칭은 벤딩 웨이스트bending waist와 고양이자세이다.

행잉 레그레이즈

앱롤아웃

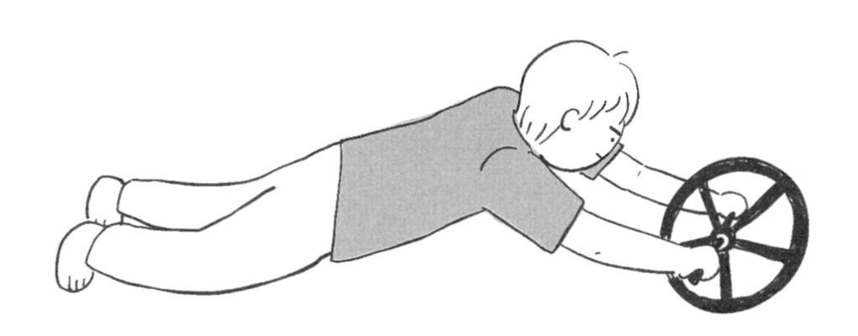

벤딩 웨이스트	고양이자세
1 등을 바닥에 대고 누운 상태에서 무릎은 굽혀서 발바닥을 땅에 닿게 한다. **2** 허리의 아래 부분을 바닥으로 누르듯이 허리를 낮춘다. 허리 근육에 자극을 느끼면 다시 원상태로 되돌아오는 동작을 8~10회 반복한다. **3** 허리의 아래 부분을 바닥에서 띄운다는 느낌으로 누운 상태에서 허리를 든다. 이 동작 역시 자극을 느끼면서 원상태로 되돌아오는 동작을 8~10회 반복한다. **4** 2와 3의 동작을 번갈아가면서 8~10세트 진행한다.	**1** 요가 동작의 일종으로, 손바닥을 바닥에 맞대고 무릎은 구부린 상태에서 바닥에 붙인다. 그다음 허리는 아치형이 되도록 아래로 당겨주고 시선은 위를 향한다. **2** 허리를 위로 최대한 들어주면서 시선은 아래로 향한다. **3** 위의 동작을 8~12회 반복한다.

허리 통증을 덜어주는 운동법

요추과전만을 치료하고 예방하는 운동도 있다. 앞서 설명했듯이 복부 근육은 허리 근육과 밀접하게 연결되어 있기 때문에 복근을 발달시키려다가 허리에 무리를 주거나 부상을 당하는 경우가 흔하다. 허리 통증은 복근 성장은커녕 다른 운동까지 하기 힘들게 하므로 건강한 허리를 만들기 위한 운동도 정말 중요한다.

여기서 소개하는 운동은 윌리엄스 훈련법이다. 허리의 통증을 덜고, 복부 주변의 코어 근육을 강화하여 신체의 안정성을 높이기 위해 고안된 운동이다. 요추과전만 환자들에게 보통 8주간 주 3회, 회당 1시간, 한 가지 운동을 세트당 10~20회씩 수행하도록 처방한다. 요통에 자주 시달린다면 근력운동 전후로 가볍게 시도하면 좋다.

이 밖에도 필라테스와 에어로빅이 전신의 협응과 유연성을 요구하는 동작들로 이루어져 있어서 코어 근육 단련과 신체 균형에 도움이 된다. 이런 유연성 운동은 남녀노소를 불문하고 허리 통증를 줄이고 안정화하는 데 도움이 된다는 연구가 많다.

골반기울기pelvic tilt

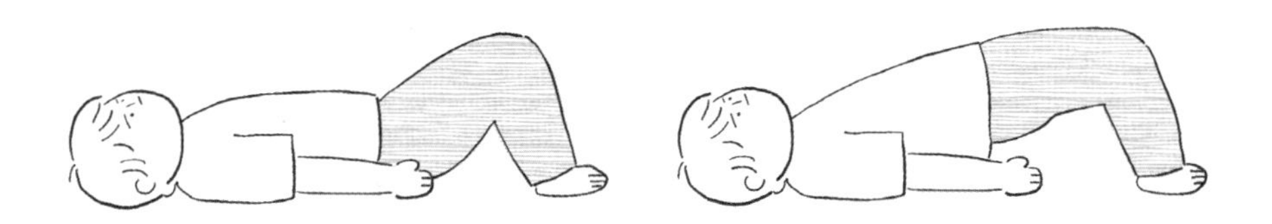

요통이 있어도 안전하게 근력을 유지할 수 있는 운동이다.
1 등이 닿도록 누운 상태에서 무릎을 굽혀 발바닥을 땅에 디딘다.
2 발에 힘을 주지 않은 상태에서 엉덩이를 살짝 들고 5~10초간 자세를 유지한다.

싱글니투 체스트single knee to chest

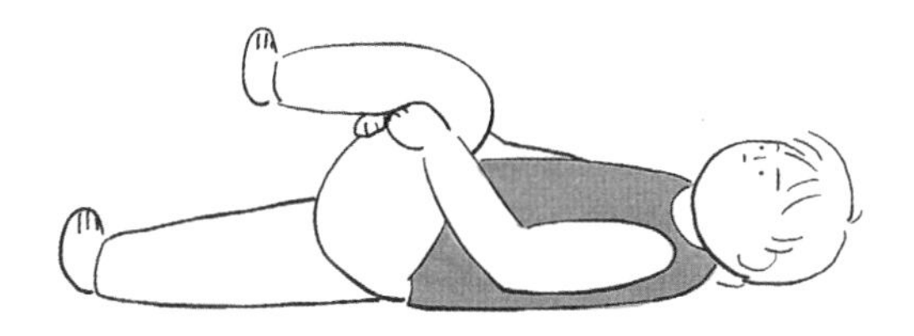

1 등이 닿도록 누운 상태에서 무릎을 굽혀 발바닥을 땅에 디딘다.
2 무릎 한쪽을 감싸 가슴으로 당겨 8~10초 정도 자세를 유지한 후 반대 무릎도 당긴다.

더블니투 체스트double knee to chest

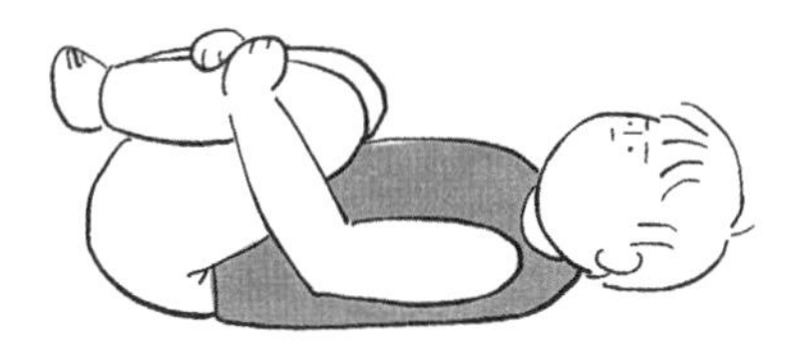

싱글니투 체스트에서 한쪽 무릎만 당겼다면, 더블니투 체스트는 양쪽 무릎을 모두 당기는 동작이다. 동작을 할 때는 한쪽씩 당기거나 원위치로 되돌린다.

파셜싯업partial sit up

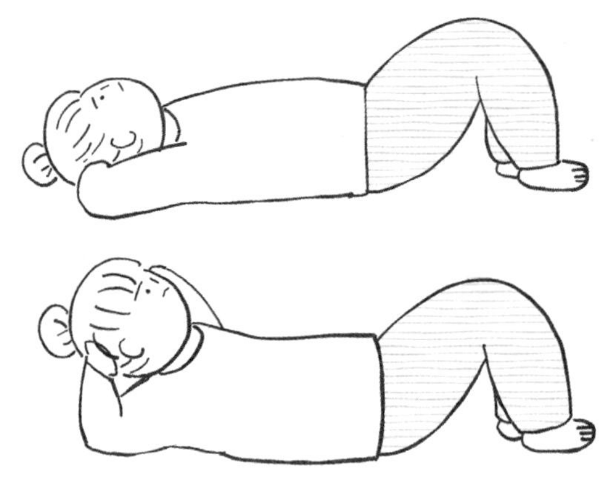

1 등이 닿도록 누운 상태에서 무릎을 굽혀 발바닥을 땅에 디딘다.
2 골반기울기 시작 자세에서 서서히 머리와 어깨를 들어주고, 이 자세를 1초 정도 유지한 후 기본 자세로 돌아간다.

허벅지 스트레칭hamstring stretch

1 다리를 편 채 앉아서 천천히 몸을 앞으로 숙인다. 운동 내내 무릎은 반드시 편 상태여야 한다.
2 몸통을 숙이면서 팔은 발바닥을 향해 뻗어준다.

스쿼트

스쿼트는 가장 기본적인 운동이지만 신경 써야 할 부분이 많아 제대로 하기 어렵다. 헬스 트레이너나 전문가의 도움을 받아 훈련하는 것이 좋다.

1 다리는 어깨 너비 정도로 벌리고 발은 서로 평행하게 놓는다.

2 무릎과 고관절을 천천히 굽히며 자세를 낮추어 앉았다 일어난다.

3 운동 내내 허리를 굽히거나 과하게 움직이지 않도록 유지해야 한다.

고관절굴곡근 스트레칭hip flexor stretch

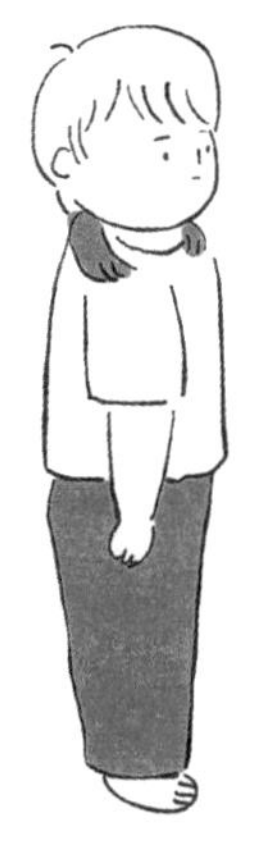

1 한 발을 앞으로 향하고 다른 발의 무릎을 굽혀 바닥에 닿게 한다.

2 몸을 앞으로 기울이면서 앞쪽 허벅지에 자극을 느낀다.

3 반대쪽과 번갈아가며 한다.

9 공복에 운동하면 살이 더 잘 빠질까?

공복 상태에서 하는 운동이 지방 연소율이 더 높은 것은 사실이다. 하지만 공복운동이 운동 중이나 직후에는 체지방 연소율이 더 높더라도, 같은 양의 식사를 한다면 장기적으로는 식사 후 운동과 차이가 없어진다. 공복운동으로 효과를 보려면 운동량을 늘리거나 양질의 단백질과 탄수화물을 함유한 식단을 병행해야 한다. 아침 시간을 쪼개서 운동해야 한다면 운동과 식사의 순서에 신경 쓰지 말고, 어떻게든 운동을 하는 것이 더욱 중요하다.

공복에 운동하면 체지방을 감소하는 데 매우 효과적이라는 이야기가 있다. 특히 다이어트를 목적으로 운동하는 사람들 사이에서는 마치 상식처럼 여겨진다. 공복은 사전적으로 배 속이 비어 있는 상태를 뜻한다. 그런데 의도적으로 간헐적 단식을 하지 않는 이상, 학교와 직장에 가거나 일상생활을 해야 하는 사람이 8시간 이상 공복을 유지하기 어렵다. 그래서 많은 사람이 오랜 시간 공복 상태인 수면 상태가 끝나는 아침에 일어나자마자 운동한다. 간혹 저녁을 먹기 전에 운동하는 사람도 있다. 공복운동을 하면 정말 사람들의 생각처럼 살이 빠질까?

공복운동과 지방 연소율

실제로 공복 상태에서 하는 운동이 그렇지 않을 때보다 지방 연소율이 유의미하게 높다는 여러 연구결과가 있다.

한 연구에서 운동 전 섭취한 탄수화물량이 운동 후 탄수화물량과 지방 연소율, 에너지 소모량과 어떤 상관관계가 있는지 알아보았다. 건강한 남성 8명을 탄수화물을 많이 섭취한 집단과 탄수화물을 적게 섭취한 집단으로 나눈 뒤 똑같이 강도 높은 운동을 시켰다.

다음 그래프는 각각 시간에 따른 탄수화물과 지방의 연소율을 나타내고 있다. 왼쪽의 탄수화물 연소율을 나타내는 그래프는 탄수화물을 많이 섭취한 충만 상태의 집단과 탄수화물을 적게 섭취한 공복 상태의

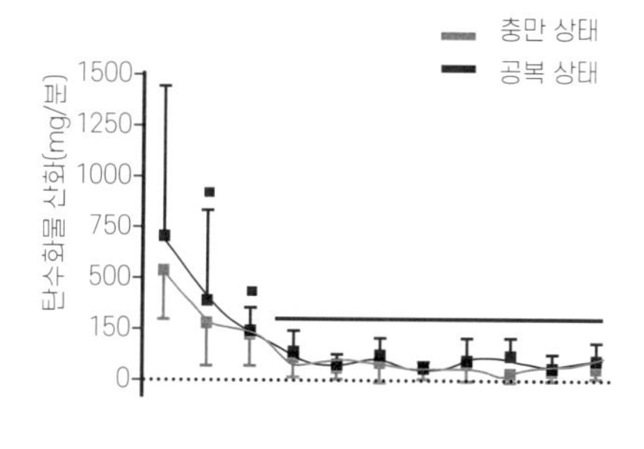

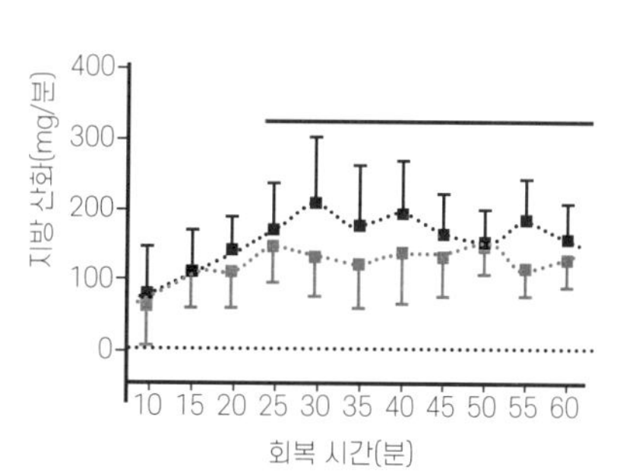

집단이 유의미한 차이가 없음을 보여준다. 반면 오른쪽의 지방 연소율을 나타내는 그래프는 공복 상태의 집단에서 연소율이 유의미하게 높음을 확인할 수 있다.

다음 그래프는 고관절굴곡근 운동 중간, 운동 후, 전체로 나누어 에너지 소비량을 분석한 결과이다. 신뢰구간이 겹쳐 있는 것에서도 알 수 있듯 유의미한 차이를 보여주지는 않았지만, 전체 에너지 소비량은 충만 상태의 그룹에서 약간 높았다. 다시 말해 탄수화물을 많이 섭취하고 운동하면 전체 에너지 소비량이 약간 많아지긴 하지만, 지방 연소는 불리한 것을 알 수 있다.

운동 전 식사 여부와 지방 연소율 사이의 상관관계에 관한 27개의 연구를 합쳐 메타분석한 논문에서도 운동 전에 음식을 먹지 않는 것이

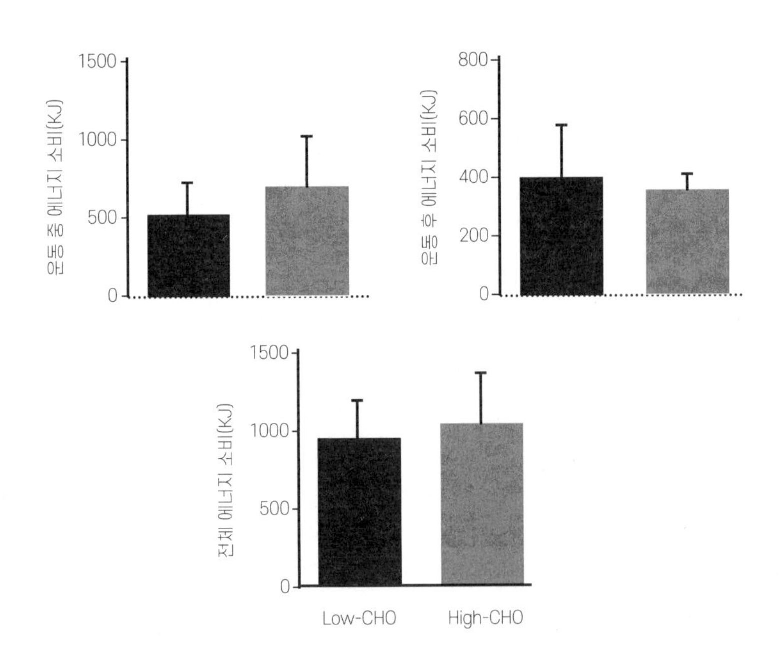

지방 연소율을 높이는 데 유의미한 효과가 있다고 결론지었다. 그러나 지방 연소율을 제외한 다른 변수의 변화까지 관찰한 연구들에서는 공복 상태의 운동이든 충만 상태의 운동이든 혈당량, 심박수, 혈중 젖산 농도, 운동 자각도, 탄수화물 연소율, 근육 내 글리코겐의 양, 운동 수행 능력 등 다양한 항목에서 모두 유의미한 차이를 보여주지 못했다.

공복운동을 할 때 지방 연소율이 큰 것은 어떻게 보면 당연하다. 운동할 때 우리는 탄수화물과 지방을 주 에너지원으로 사용하는데, 가장 효율이 높은 탄수화물을 먼저 연소시켜 사용하고 에너지 전환이 상대적으로 느린 지방은 나중에 분해하여 사용한다. 그래서 운동 시간이 길어지거나 원래 사용할 수 있는 탄수화물이 적으면 지방을 연소시켜 사용하는 것이다. 공복 상태에서는 체내 탄수화물이 부족해서 지방 연소율이 높을 수밖에 없다. 음식을 섭취하면 인슐린이 분비되면서 지방 분해보다 지방 합성이 더 우세해지는 현상도 영향을 준다.

공복운동과 체지방 감소

체지방을 잘 태우면 체지방이 저절로 줄어들 것이라고 생각할 수도 있다. 물론 공복운동이 체지방을 잘 연소시킨다. 하지만 운동할 때는 지방을 많이 사용한다 해도 우리는 언젠가 밥을 먹는다. 운동 후 탄수화물을 보충하면 이때부터는 체내에서 사용할 수 있는 탄수화물이 식사 후 운동한 사람보다 높아질 테고, 식후 혈당이 높은 상태에서는 체지방의 사용량도 줄어들 것이다. 결국 공복운동이나 식사 후 운동이나 장기적으로는 체중 감량에 큰 차이가 없는 것이다.

쇼엔펠드Schoenfeld BJ는 운동 전 식사 유무에 따른 한 달 간의 신체 구성 변화를 분석했다. 건강한 대학생 20명을 대상으로 체중, BMI 지수, 체지방량, 허리둘레 등을 측정하여 비슷한 사람끼리 일대일로 매칭한 후 임의로 두 집단에 배정했다. 한 집단은 전날 밤 단식 후 매일 아침 운동을 했고, 다른 집단은 운동 직전에 식사한 후 운동을 했다. 같은 식단을 먹고 4주에 걸쳐서 같은 유산소운동을 주 3회씩 했다. 실험 전에 미리 측정한 수치들은 어떻게 달라졌을까? 다음 표에서처럼 두 집단 모두 체중과 체지방량이 감소했지만, 두 집단 간에는 어떤 항목에서든 유의미한 차이가 없었다.

운동 중이나 직후에는 공복운동을 할 때 체지방 연소율이 더 높아도 결국 같은 양의 식사를 한다면 장기적으로는 그 차이가 없어지는 것이다. 따라서 공복운동을 하면서 효과를 보려면 음식의 양과 종류도 조절하는 식단 관리가 병행돼야 한다.

체중을 감량하기 위한 30분 이내의 가벼운 유산소운동에서는 공복운동과 식사 후 운동이 큰 차이가 없고, 무엇을 얼마나 먹는지가 더 중

측정값	공복 상태 운동 전	공복 상태 운동 후	포만 상태 운동 전	포만 상태 운동 후
체중(kg)	62.4±7.8	60.7±7.8*	62.0±5.5	61.0±5.7*
체질량지수	23.4±2.9	22.8±3.0*	23.3±2.5	22.9±2.5*
체지방률(%)	26.3±7.9	25.0±7.7	24.8±8.4	24.1±8.5
허리둘레(cm)	77.5±6.4	75.9±6.9	77.7±9.4	7.57±8.6
체지방량(kg)	16.5±5.5	15.4±5.5*	15.7±6.3	15.0±6.1*
제지방량(kg)	45.9±6.7	45.4±6.1	46.3±3.8	46.1±4.3

숫자 옆 *는 통계적으로 유의미한 차이($p<0.05$)임을 나타냄

요하다는 결론이 나왔다. 그런데 공복 상태에서 유산소운동을 오래 하거나 고강도 무산소운동을 하면 몸에 무리를 줄 수 있다. 운동할 때 에너지원으로 즉각 사용할 수 있는 탄수화물이 부족한 상태여서 상대적으로 느린 지방 분해 과정을 거쳐 에너지원을 만들어야 하기 때문이다.

공복운동과 고강도 무산소운동

고강도 무산소운동을 할 때는 운동 전에 탄수화물을 섭취하는 것이 전체적인 운동 효율을 높여준다는 연구가 있다. 다음 그래프를 보면 고관절굴곡근 운동 30분 전에 스포츠 드링크를 마신 집단이 운동 전에 마신 집단과 가짜 드링크를 마신 집단에 비해 운동 능력이 높게 나왔다. 하루에 먹는 양이 동일하다면 당연히 더 높은 운동 수행 능력을 보여준 집단에서 운동을 통한 에너지 소모량이 많을 것이고, 다이어트에도 더 효과적일 것이다.

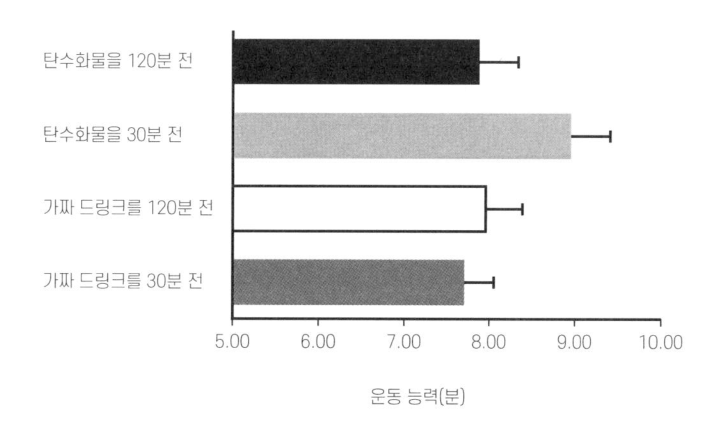

유산소운동을 장시간 하는 데 관해서는 아직 갑론을박 중이다. 이와 관련된 여러 연구를 메타분석해보면, 60분 이상 유산소운동을 할 경우 54퍼센트의 연구는 운동 전에 식사하는 것이 운동 수행 능력을 유의미하게 향상시켜준다는 결론을 내렸고, 46퍼센트는 별다른 차이가 없다는 결론을 내렸다. 이 같은 연구결과의 차이는 연구 방식, 모집단 설정 방식이 달라서 생겼을 수도 있다.

운동 후에 먹을까, 먹은 후에 운동할까

결론적으로 공복 상태에서 하는 운동은 충만 상태에서 할 때와 비교해 운동 중 지방 연소율을 높인다. 하지만 장기적으로 같은 양의 식사를 한다면 체지방률에 미치는 영향은 거의 차이가 없다.

여기서 한 가지 고려해야 할 아주 중요한 사실이 있다. 보통 사람이라면 아침 운동에 대한 선택지가 '아침 먹고 운동하기 대 운동하고 아침 먹기'가 아니라 '아침 운동하고 출근하기 대 자다 깨서 출근하기'일 경우가 많다는 점이다. 이 글에서 다룬 내용은 가벼운 운동과 식사 순서의 차이가 유의미하지 않다는 것뿐이다. 아침 운동을 하는 것 자체는 일과를 개운하게 시작할 수 있게 해주고, 숙면을 취하는 데 도움이 되는 등 여러 면에서 건강에 좋다는 점이 더 중요하다. 아침에 가벼운 운동이라도 규칙적으로 하는 사람은 아침 운동을 아예 안 하는 사람보다 건강에 신경을 많이 쓰고, 식단도 조절할 확률이 높기 때문에 결과적으로 더 건강할 것이다. 실제로도 많은 사람이 아침에는 가볍게 유산소운동을 하고 오후에 무산소운동을 하고 있다. 바쁜 아침 시간을 쪼개서 운동하는 사람이라면 운동과 식사의 순서에 신경 쓰기보다는 어떻게 해서든 운동을 하는 편이 좋다는 말이다.

일과 중에도 시간을 자유롭게 쓸 수 있는 사람은 고강도 근력운동이나 장시간 유산소운동을 하러 헬스장에 가는 경우가 많을 것이다. 이런 사람들은 운동 전 양질의 단백질과 탄수화물을 충분히 함유한 식사를 하는 것을 추천한다. 너무 많이 먹어서 운동에 방해가 될 정도만 아니면 된다. 만약 식사를 거른 사람이 운동 직전에 무엇이라도 먹어야겠다면 소화가 쉽고 영양 보충이 간편한 프로틴 파우더나 선식이 좋다. 계속 강조하지만 다이어트를 하든 몸을 키우든 단순히 굶는 게 능사가 아니다.

PART 4

몸만들기 끝,

관리의 모든 것

1

요요가 와도 살을 다시 빼면 그만일까?

살이 빠지면 우리 몸에서는 여러 가지 현상이 생기면서 체중을 원래대로 돌리려는 반응이 일어난다. 이 현상이 요요다. 요요가 한 번 올때마다 같은 양의 식사를 해도 배고픔을 느끼는 정도가 전에 비해 커진다. 다이어트와 요요를 반복하다 보면 점점 식욕을 조절하기 어렵고, 지방을 비축하는 데 유리한 체질이 된다. 살찌기 쉬운 체질로 변하는 것이다. 결국 함부로 살을 뺐다 찌우면 점점 살을 빼기 힘들어진다.

몇 년 전부터 많은 사람이 보디프로필을 촬영하겠다며 단기간에 무리한 다이어트를 시도하고 있다. 그러나 기초 근육량과 체력이 뒷받침되지 않은 상태에서, 더욱이 자격 미달 트레이너가 추천한다고 해서 바로 고강도 다이어트를 시도하면 반드시 부작용이 따라온다. 계속 말하지만 지방과 근육은 따로 찌고 빠지는 것이 아니라 함께 늘고 줄어든다. 준비되지 않은 상태에서 무리하게 체지방을 줄이면, 원래 없던 근육마저 줄어서 운동하기 어려워지고 나중에 다시 근육량을 늘리고 싶어도 쉽지 않다. 다행히 점점 무리한 보디프로필 촬영의 위험성이 알려지고 있지만, 보디프로필에 환상을 가진 사람에게는 제대로 들리지 않을 것이다. 다이어트의 가장 중요한 목적은 장기적인 관점에서 건강한 몸을 만드는 데 두어야 한다. 무조건 살만 뺀다고 해서 다가 아니다. 살을 뺀 후에도 계속 몸과 건강 관리에 신경 써야 한다.

이유진 씨는 최근 다이어트에 성공하여 거의 목표 체중에 도달했다. 그러던 중 친구들과 만나 다이어트를 하는 동안 억눌러왔던 식욕을 참지 못하고, 하루 정도는 괜찮겠지 하며 친구들과 술을 마시고 온갖 안주까지 배부르게 먹고 말았다. 그 이후에는 점차 식단에 관대해졌고 몇 주가 지나지 않아 체중이 급속도로 늘어났다.

너무 흔한 이야기라서 다이어트에 성공은 없을 것 같은 느낌이 들곤 한다. 오랜 시간 이 악물고 노력했건만 요요는 순식간에 찾아온다. 그런데 문제는 더 큰 곳에 있다. 이렇게 찾아온 요요가 다이어트를 이전보다 더욱 어렵게 만든다.

다이어트는 마라톤

다이어트는 흔히 마라톤으로 비유되듯 끝이 없다. 체중 감량도 힘들지만 체중 유지는 더욱 힘들다. 다이어트에 성공한 사람들 중 체중을 1년 이상 유지하여 온전히 자기 몸으로 만든 사람은 많지 않다고 한다. 몸은 변화에 대응하여 원래대로 돌아가려고 하는 항상성이 있기 때문이다. 다이어트도 마찬가지이다. 살을 빼면 몸에서는 근육 부피가 감소하고, 장운동이 빨라지며, 체지방세포의 크기가 줄어 호르몬이 변하는 등 여러 가지 현상이 생기면서 체중을 원래대로 되돌리려는 반응이 일어난다. 이 중에서도 체지방세포의 변화가 주는 영향이 중요한 역할을 한다.

평소 잘 먹다가 갑자기 에너지 공급을 제한하면 몸은 긴급 상태로 바뀌고, 가지고 있는 에너지를 최대한 보존하기 위해 주어진 조건에 적응한다. 체내에서는 부족한 에너지만큼 가지고 있던 영양분을 사용하겠지만, 한편으로는 언제 에너지를 얻을지 모르기 때문에 영양분을 비축해두기 위해 체지방을 축적하는 방향으로 가려고 한다. 한마디로 절약 모드에 들어가는 것이다. 체지방량과 체지방세포에 대해 연구한 리뷰 논문에 따르면, 체지방량이 감소할수록 체지방세포의 크기가 줄어든다. 중요한 점은 체지방세포의 개수는 줄어들지 않는다는 것이다. 게다가 다시 체중이 급격히 늘어나면 체지방세포의 개수와 크기가 모두 증가한다고 한다. 살을 뺄 때는 크기만 줄어들지만 살이 찔 때는 크기와 개수 둘 다 증가한다니 억울한 일이다.

오랜 다이어트로 크기가 줄어든 체지방세포는 원래 모습으로 돌아가기 위해 에너지를 최대한 아끼고 저장하는 길을 택한다. 렙틴은 뇌의 시상하부에 작용해 식욕을 억제하고 포만감을 느끼게 해주는 데 체지방세포의 크기에 비례하여 분비된다. 그만큼 체지방세포와 밀접한 관련이 있다. 체지방세포가 작아지면 평소처럼 식사해도 렙틴이 적게 분비되므로 더욱 많이 배고픔을 느낄 것이고, 이때 생각 없이 먹고 싶은 만큼 먹으면 폭식을 하게 되는 것이다.

살이 잘 찌는 체질을 만드는 요요

여기서 궁금한 점이 생긴다. 비만인 사람은 체지방세포가 커서 렙틴이 많이 나올 텐데 왜 식욕이 줄지 않는 걸까? 비만인 사람은 비만이 아닌 사람보다 렙틴이 많이 분비되는 건 맞지만, 오랫동안 높은 렙틴 농도에 적응하다 보니 렙틴을 인식하는 렙틴 수용체의 민감도가 떨어진다. 그래서 높아진 렙틴 농도가 제 역할을 하지 못해 포만감을 느끼지 못하는 것이다.

이 상태에서 비만인 사람이 체지방을 감량한 경우 체지방량이 같아도 체지방세포가 정상체중인 사람의 세포보다 크기가 작고 개수는 훨씬 많다. 따라서 렙틴 분비량은 정상체중인 사람보다 더 낮다. 다시 말해 비만인 사람이 체중 감량에 성공해도 렙틴 분비량은 적기 때문에 정상체중인 사람보다 폭식의 위험에 더 쉽게 노출된다는 뜻이다. 음식을 먹어도 포만감이 생기지 않아서 식욕을 조절하기 힘든 것이다. 더욱이 무게가 같은 지방조직이라도 개별 지방세포의 크기가 작을수록 인슐린 호르몬의 영향을 더 많이 받는다. 인슐린은 근육과 지방세포 등에서 포도당을 끌어당기는 역할을 하기 때문에 크기가 작은 세포는 포도당을 잘 흡수하고, 지방으로 비축하는 일도 잘 이루어진다. 살이 잘 찌는 체질이 되는 것이다.

그래서 비만인 사람은 다이어트에 성공한 이후가 더욱 중요하다. 체중을 유지하기 위해 식욕을 다스리고 정해둔 식단을 지키려면 남들보다 각별히 신경 써야 한다. 자신의 의지가 부족해서 생기는 문제가 아니라 호르몬이 변화해서 생기는 당연한 현상이기 때문에 자책하지 말아야 한다. 참기 힘든 배고픔이 비정상적인 호르몬 작용이 보내는 가짜 신호일지언정 일단 배고픔을 느낀다면 견디는 것은 누구에게나 힘든 일이기 때문이다.

앞서 살을 뺐다가 급격히 찌는 경우 체지방세포의 개수가 증가할 수 있다고 했다. 기존 연구들은 체지방세포의 개수가 이미 청소년기에 결정된다고 주장하고, 이 점이 성인 비만과 소아 비만의 차이라고 말한다. 그러나 최근 연구들에서는 새로운 사실이 나오고 있다. 기본적으로 성인의 체지방세포 개수가 거의 변하지 않는 것은 맞지만, 급격히 살을 뺐다가 다시 살이 찌는 요요도 체지방세포의 개수가 늘어날 수 있다고 한다. 체지방세포도 수명이 있기 때문에 생산과 소멸을 지속적으로 반복한다. 이 과정이 평형을 이루어서 체지방세포의 개수가 일정하므로 평형 상태가 깨지면 체지방세포의 개수가 변하는 일은 얼마든지 생길 수 있다.

아쉽게도 요요가 일어날 때 체지방세포의 개수가 늘어나는 이유에 대해서는 아직 정확한 메커니즘이 밝혀지지 않았다. 연구자들도 여러 실험을 통해 발견한 사실이다. 다만 지금까지 알려진 점을 정리하면, 다이어트를 할 때 교감신경계 활성도와 갑상선호르몬 분비량이 감소함으로써 체지방세포의 증식을 촉진할 수 있다는 정도다.

이렇게 증가한 체지방세포는 줄어들지 않는다. 다이어트와 요요를 반복하다 보면 이전과 같은 몸무게와 체지방량을 가지고 있어도 체지방세포의 개수는 더 많이 크기는 더 작게 변한다. 그로 인해 점점 식욕을 조절하기 어렵고 지방을 비축하기에는 유리한, 이른바 '살찌기 쉬운 체질'이 된다. 함부로 살을 뺐다 찌웠다 하면 점점 살을 빼기 힘들어지는 것이다. 또한 근력운동을 병행하지 않고 식단 조절로만 다이어트를 하면 근육량과 체력이 줄어 점점 운동하기도 어려워진다.

다이어트로 체중을 감량하는 것도 쉽지 않지만, 단기적으로 보디프로필 촬영 같은 목표를 가지고 성공했더라도 방심하면 오히려 다이어트를 하기 전 체중을 훌쩍 넘어버릴 수 있다. 체중을 유지하는 일은 육체적·정신적으로 쉽지 않지만, 요요를 겪지 않으려면 이겨내는 수밖에 없다. 다이어트의 결과물을 계속 유지하려는 노력이 지방을 깎아내는 과정보다 힘들다니, 왠지 서운한 마음이 들지만 평상시 건강 관리에 늘 주의해야 한다.

2 살이 잘 찌는 체질이 따로 있을까?

사람마다 식욕에 반응하는 정도가 다르고, 같은 양의 식단을 먹어도 흡수하는 에너지의 양이 다르다. 이러한 체질은 유전적 요인과 가장 밀접하다. 하지만 살이 잘 찌는 체질을 만드는 요인 가운데 하나인 장내미생물의 분포와 균형은 식단, 신체 활동, 약물을 통해 조금씩 변화하기도 한다. 즉 유전적 요인은 바꿀 수 없지만, 올바른 생활습관을 통해 충분히 개선할 수 있다.

현대인에게 다이어트는 숙명이다. 많은 사람이 운동과 식단 조절을 통해 끊임없이 살을 빼려고 부단히 노력한다. 오죽하면 '평생 다이어트'라는 말이 있을까. 억울한 면도 있다. 나와 내 친구는 매일 비슷한 양을 먹고 운동도 비슷하게 하는데, 나는 계속 살이 찌고 친구는 늘 같다. 어떤 사람은 등교나 출근할 때 걷는 것 말고는 운동을 해본 적도 없다. 심지어 곱창이나 삼겹살을 즐겨 먹는데도 날씬한 체형을 유지할 때, 세상은 참 불공평하다는 탄식마저 나온다.

도대체 왜 이런 차이가 나는 걸까? 선천적 영향 때문일까, 후천적 환경 때문일까? 둘 다라면 어떤 영향이 더 클까? 앞에서 체지방세포의 크기와 개수, 혈중 렙틴 농도가 후천적으로 살이 잘 찌는 체질에 영향을 미친다는 이야기를 했다. 이번에는 살이 잘 찌는 체질을 만드는 다른 요인을 살펴보자.

살이 잘 찌는 미운 유전자

살이 잘 찌는 체질을 만드는 요인으로 우선 유전을 생각해볼 수 있다. 로버트Robert P는 각각 다른 부모에게 입양된 쌍둥이들을 추적 관찰하여 유전이 비만에 주는 영향을 연구했다.

일란성 쌍둥이는 같은 세포에서 유래되었기 때문에 고전적인 관점에서 보면 서로 100퍼센트 일치하는 대립유전자를 가지고 있고, 이란성 쌍둥이는 다른 세포에서 유래되었기 때문에 50퍼센트가량 일치하는 대립유전자를 가지고 있다. 다음 그래프는 각각 일란성 쌍둥이(왼쪽)와 이란성 쌍둥이(오른쪽)의 16세 당시 체중 분포를 나타낸 산포도이다. 이들이 청소년기인 16세가 되었을 때 체중의 상관관계를 조사했더니, 일란성 쌍둥이는 상관계수 0.84, 이란성 쌍둥이는 상관계수 0.55로 높은 상관관계를 나타냈다. 대조군인 입양된 아이와 입양한 부모와의 체중 상관관계는 0으로 거의 관련이 없다고 밝혀졌다. 이와 별개로 친형제자매는 0.3의 상관계수를 보였는데, 유전적으로 연관 있는 사람들 사이에서

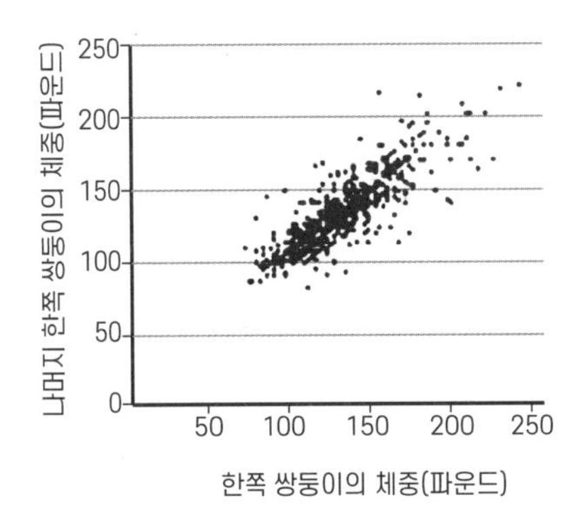

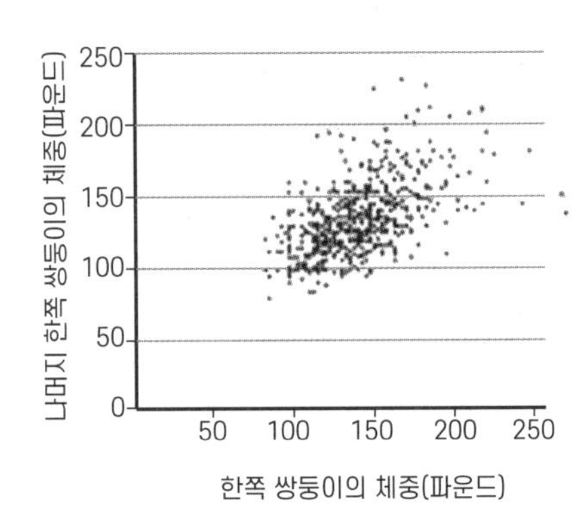

체중의 연관성이 나타난다는 것을 의미한다.

12,000쌍의 쌍둥이를 대상으로 한 뒤보아Dubois L의 연구에서는 유아기부터 청소년기 동안 유전이 체중 변화를 설명하는 데 중요한 역할을 한다고 시사하고 있고, 특히 사춘기 전에 가장 강력한 영향을 미친다고 밝혔다.

이런 단면조사연구 말고 조금 더 높은 근거 수준을 가진 샹Xiang L의 메타분석 연구도 있다. 약 10개의 연구를 메타분석하여 6,951명의 피험자를 분석했더니 FTO 유전자, 즉 '체지방량 및 비만 관련 유전자'가 체중 감량과 관련이 깊다는 사실을 발견했다. FTO 유전자는 유전자의 특성에 따라 AA, TT, AT, TA 유전형이 나타나는데, TA 유전형이나 AA 유전형을 가진 사람은 TT 유전형을 가진 사람보다 일반적으로 더 큰 체중 감량이 나타났다. 이러한 결과를 통해 적어도 소아·청소년기의 몸무게는 후천적 환경보다 유전의 영향을 많이 받는다는 사실을 알 수 있다.

그런데 개인이 가진 유전자는 체중에 얼마나 영향을 줄까? 로버트

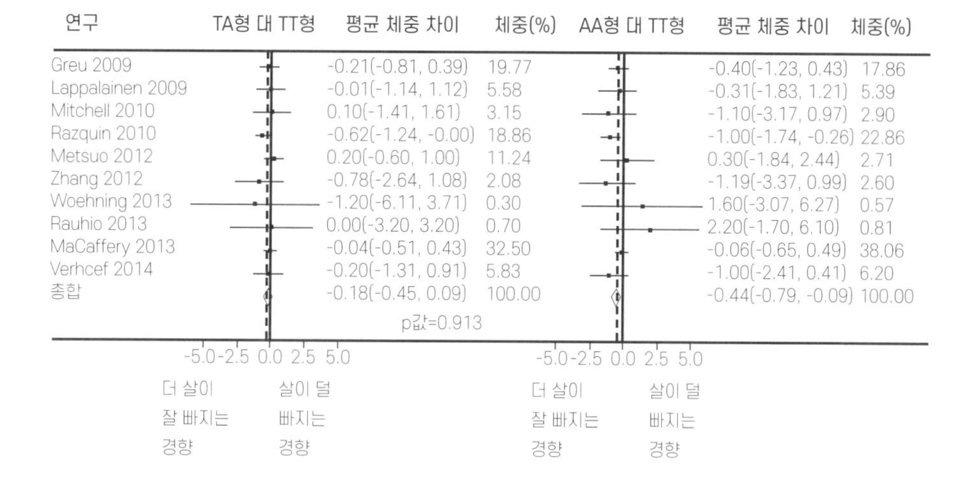

의 다른 연구에서는 각각 다른 가정으로 입양된 쌍둥이들을 대상으로 유전과 환경이 체중에 미치는 영향을 조사했다. 4세 정도의 아이가 정상체중이 되거나 과체중이 되는 데는 약 10퍼센트가 공유하지 않는 환경(다른 학교, 다른 친구 등 쌍둥이가 서로 다르게 경험하는 것)의 영향, 약 30퍼센트가 공유하는 환경(같은 부모, 같은 문화 등 쌍둥이에게 동일한 후천적 조건)의 영향, 그리고 가장 많은 영향을 주는 요인이 약 60퍼센트를 차지하는

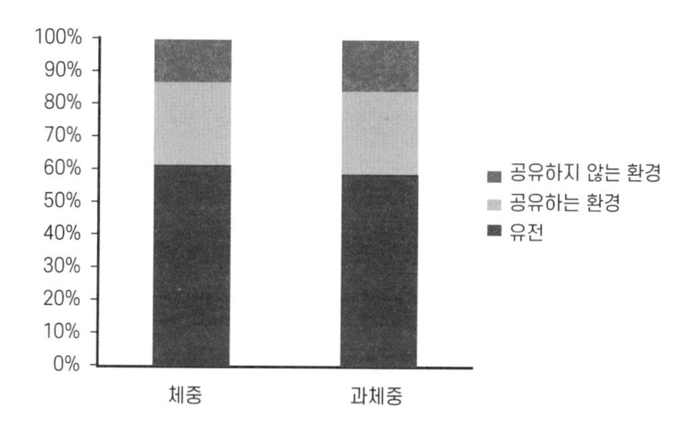

유전이었다.

이러한 유전적 원인으로 발생하는 비만은 단일유전자 돌연변이 때문에 생기는 중추신경계 이상과 관련이 깊다. 단일유전자 돌연변이 중 비만으로 이어지는 돌연변이는 총 20가지인데, 이 돌연변이는 모두 식욕 및 대사를 조절하는 중추신경계의 렙틴-멜라노코르틴 회로에서 발생한다. 이러한 돌연변이의 한 예가 프래더·윌리증후군Prader-Willi syndrome이다. 15번 염색체가 유전자 변이를 일으켜 발생하는 질병으로 중추신경계에 이상이 생겨 과도한 식탐을 보이고, 과식증에 걸려 비만해진다.

장내미생물, 내 몸이 살찌는 뜻밖의 이유

살이 잘 찌는 체질을 만드는 뜻밖의 요인이 있다. 바로 장내미생물이다. 흔히 미생물 하면 더럽고 병을 일으킨다는 부정적인 인식이 있다. 그러나 우리 몸속에는 이미 셀 수 없이 많은 미생물이 살고 있으며, 아무런 영향을 미치지 않거나 때론 유익한 영향을 미치기도 하며 공생한다. 우리 신체기관 중 외부 물질에 노출된 신체 부위에는 편리공생 미생물이 서식하고 있다. 편리공생은 이 미생물이 신체 외부에서 영양분을 얻고 우리에게는 아무 이득도 해도 끼치지 않는다는 뜻이다. 소장이나 대장 내부처럼 음식물이 통과하는 부분도 결국 외부와 연결되어 있으므로 장내미생물이 편리공생하고 있다.

장내미생물은 처음에는 태아 시기에 모체로부터 적은 양을 얻고,

출생 이후 주위 환경에 따라 급속히 늘어나 3세가 되면 성인과 비슷한 수준에 이른다. 성인이 된 이후에는 식습관이나 항생제 때문에 변화가 생기는 경우를 제외하고 장내미생물의 분포가 일정하게 유지된다. 그중 창자에 서식하는 장내미생물은 사람이 분해하지 못하는 영양소를 분해하여 우리가 흡수할 수 있도록 도와주고, 장내 면역기능을 활성화시키고, 비타민을 합성하는 등 여러 역할을 한다. 최근에는 이런 장내미생물이 비만을 비롯한 대사장애와 밀접한 관련이 있다는 연구가 계속 나오고 있다.

여기서 소개하는 장내미생물에 대한 연구는 현재 학계에서 활발히 논의 중이며 매우 흥미롭다. 장내미생물의 특정 분포가 비만의 원인이 될 수 있다는 가설은 2006년 피터Peter JT의 연구에서 시작되었다. 피터는 비만 쥐와 마른 쥐의 분변을 각각 무균 쥐의 창자에 주입하는 실험을 진행했는데, 그 결과 비만 쥐의 분변을 주입한 쥐가 비만이 되었다. 이어서 둘 중 한 사람만 비만인 일란성 쌍둥이의 분변을 각각 무균 쥐의 창자에 주입했다. 역시 비만인 사람의 분변을 주입한 쥐는 비만이 되고, 비만이 아닌 사람의 분변을 주입한 쥐는 비만이 되지 않았다. 이 같은 실험을 바탕으로 피터는 분변 속에 있던 장내미생물의 특정 분포가 체내 지방 축적과 비만을 유도한다는 가설을 제시했다.

2011년 매니모지얀Manimozhiyan A의 연구에서는 유전자 분석을 통해 장내미생물 분포를 대략 세 가지 유형으로 나누었다. 장내미생물의 98퍼센트는 퍼미큐티스firmicutes 문이나 박테로이디티스bacteroidetes 문에 속한다. 이들의 상대적인 비율인 F/B ratio가 비만과 밀접한 관련이 있는데, F/B ratio가 높을수록 비만인 경향이 높다는 사실이 밝혀졌다. 퍼미

박테로이데스(Bacteroides)형	프리보텔라(Prevotella)형	루미노코쿠스(Ruminococcus)형
탄수화물 소화효소를 생산하여 탄수화물 소화를 돕고, 비타민 B7을 생성한다. 박테로이디티스 문의 균인 박테로이데스가 우세하다. 식이섬유를 적게 섭취하고, 고지방 고단백 식이를 하는 사람에게 잘 나타난다.	비타민 B1과 뮤신을 생성한다. 식이섬유를 많이 섭취하고, 지방을 적게 섭취하는 채식주의자에게 많이 나타난다.	포도당 흡수가 잘 이루어져 비만이 될 위험성이 높다. 퍼미큐티스 문의 균인 루미노코쿠스가 우세하다. 고지방식이를 하는 사람에게 많이 나타난다.

큐티스 문은 소화가 잘 되지 않는 음식을 잘게 분해하여 소장에서의 흡수율을 증가시켜 비만을 유발하며, 체중이 줄면 균의 수도 줄어드는 경향이 있다.

일반적으로 유년기의 주변 환경이 장내미생물에 많은 영향을 미친다. 하지만 성인기 식사와 약물 섭취 역시 장내미생물의 균형을 조금씩 변화시킴으로써 같은 양의 식사를 하더라도 살이 더 찌거나 덜 찔 수 있다.

3 다이어트 중 치팅데이를 가져도 괜찮을까?

치팅데이는 식단 조절 중 하루 정도 마음껏 음식을 먹는 날로 다이어터들이 손꼽아 기다리는 날이기도 하다. 하지만 자칫 통제력을 잃어버리는 대참사를 맞이할 수도 있다. 리피딩은 이와 달리 통제된 과식이다. 리피딩은 배고픔을 줄이고 다이어트 식단을 꾸준히 시행할 수 있게 도와준다. 1~2주에 하루 정도 하루 에너지 소비량보다 30퍼센트 정도의 탄수화물을 더 먹어 혈중 렙틴 농도를 높이고 신진대사를 자극하며, 정신적으로도 긍정적인 효과를 얻을 수 있다. 다만 리피딩증후군이라는 부작용이 발생하지 않도록 미리 주의해야 한다.

다이어트 초기에는 다이어트에 성공해 바뀐 자신의 몸을 기대하며 이를 악문다. 힘들어도 식단 조절과 운동으로 몸을 바꿀 수 있다고 생각하면 의욕이 샘솟고 설레기까지 한다. 실제로도 다이어트를 시작한 뒤 몇 주간은 살도 꾸준히 잘 빠지고, 변해가는 몸을 보면 더욱 동기부여가 된다.

하지만 우리 몸은 새로운 식습관과 줄어든 섭취 열량에 점점 적응하면서 신진대사가 느려진다. 점차 체중 감량 속도가 느려지고 의욕도 떨어진다. 몸은 에너지를 아끼기 위해 움직이는 걸 귀찮아하기 시작한다. 그런데 이미 식사량을 충분히 줄인 상태에서 살을 더 빼기 위해 식사량을 더 줄이면 힘이 없어 제대로 운동조차 못 하는 상태까지 갈 수 있다. 배고픔에 예민해지고 하루 종일 음식 생각만 할지도 모른다.

다이어트는 무엇보다 지속 가능성이 중요하다. 오랫동안 유지할 수 없는 방법은 도중에 포기하게 만들거나 몸에 큰 무리를 줄 수 있다. 체급을 맞춰야 하는 운동선수 혹은 연예인이 단기간에 체중을 감량하기 위해 하는 극단적인 단식을 일반인이 절대 따라 해서는 안 되는 이유다. 이처럼 다이어트를 하다가 궁지에 빠졌을 때는 어떻게 해야 할까? 일주일에 하루, 날을 정해 먹고 싶었던 음식을 먹는 방법이 있다. 보통 치팅데이라고 알고 있는 리피딩refeeding이다. 다이어트 중 주기적으로 통제된 과식을 하면, 식욕과 관련된 체내 호르몬이 변화하여 다이어트 초기처럼 다시 지방 연소에 불을 지필 수 있다는 주장이 있다.

똑똑한 과식, 리피딩

리피딩은 계획적이고 주기적이며 통제된 과식이다. 신진대사를 다시 높여 지방 소모율을 늘리는 전략적인 방법으로써 장기적으로 더 많은 지방을 감소시키기 위해 실행하는 식이요법이다. 리피딩은 배고픔을 줄이고 다이어트 식단을 꾸준히 충실하게 지킬 수 있도록 도와준다. 대체로 일주일에 하루 동안 원래 먹던 다이어트 식단보다 탄수화물 위주의 음식을 더 먹는 방식이다. 치팅데이라고 하면 먹고 싶었던 음식을 마음 놓고 섭취하는 것이라고 착각하는데, 리피딩은 절대 무작정 먹고 싶은 만큼 다 먹는 게 아니다.

리피딩을 하면 신진대사는 물론이고 혈중 렙틴 농도가 높아져 지속적으로 더 많은 지방이 감소한다. 렙틴은 포만감을 느끼게 하면서 식욕을 억제하고 체내 에너지 소비, 즉 신진대사를 증가시키는 역할을 한다. 여러 연구를 통해 혈중 렙틴 농도는 탄수화물 리피딩에 민감했고, 렙틴 농도가 높아지면서 신진대사도 증가한다는 사실이 밝혀졌다. 결국 리피딩 데이를 정해 탄수화물 섭취를 늘리면 혈중 렙틴 농도를 높일 수 있다. 이는 식욕을 억제하고 신진대사가 증가해 다이어트에 도움이 된다는 것을 쉽게 추측할 수 있다.

장기간 다이어트를 하면 포만감을 느낄 일이 별로 없으니 혈중 렙틴 농도는 낮고, 에너지 소비가 적어 활력도 떨어진 상태가 되기 쉽다. 리피딩을 통해 혈중 렙틴 농도를 높이고, 배고픔으로 지친 몸에 활기를 불어넣으면 정신적으로도 긍정적인 효과를 얻을 수 있다. 더 오랫동안 성실하게 다이어트를 할 수 있도록 만든다는 의미이다.

혈중 렙틴 농도에 영향을 미치는 요소

지속 가능한 다이어트를 하는 데 신진대사와 혈중 렙틴 농도가 중요하다면 혈중 렙틴 농도에 영향을 미치는 요소는 무엇일까?

첫째, 단식이다. 너무 바빠 식사 시간을 놓친 사람은 심한 배고픔을 느껴서 무엇이든 먹어야겠다고 생각할 것이다. 계획하지 않은 단식은 렙틴 농도의 균형을 완전히 파괴하고 혼란에 빠뜨리는 행동이다. 굶으면 생존 메커니즘이 발동해서 렙틴이 감소하고 배고픔을 느끼게 하는 그렐린의 농도가 높아진다. 물론 렙틴 농도가 낮아지기까지 시간이 얼마나 걸리는지는 아직 명확히 밝혀진 내용이 없다. 하지만 간헐적 단식처럼 주기적으로 계획한 단식이 아니라면 단식은 좋지 않다.

둘째, 체지방량이다. 낮은 체지방률을 가진 사람 중 저열량 식사를 유지하는 사람은 평상시 렙틴 농도가 낮은 것으로 추측된다는 연구가 있다. 렙틴 농도는 체지방량과 비례하는 경향을 보이는데, 지방세포에서 렙틴을 분비하므로 체지방률이 낮은 사람은 렙틴이 덜 생성되고 덜 분비된다고 한다. 살을 빼면 뺄수록 오히려 공복감을 느끼고 점점 힘들어지는 이유가 렙틴 농도가 낮아지기 때문이었던 것이다. 체지방량이 높은 비만 환자는 렙틴의 농도가 높은데도 계속 공복감을 느낀다. 이는 장기간 높은 렙틴 농도에 노출되면서 렙틴 저항성이 생겼기 때문이다.

셋째, 탄수화물의 섭취다. 특히 혈당을 빨리 높이는 단당류를 섭취하면 식후 렙틴의 농도가 급격히 높아질 수 있다. 고탄수화물 식사 한 번으로 렙틴의 하루 평균 농도가 갑자기 높아지는 것은 아니다. 장기간 꾸준히 계획적으로 탄수화물 리피딩을 해야 평상시에도 렙틴 농도가 높아지는 효과가 있다는 점을 주의해야 한다.

넷째, 수면이다. 렙틴도 다른 호르몬처럼 하루 동안 시간에 따른 주기가 있다는 사실이 여러 연구를 통해 밝혀졌다. 렙틴의 농도는 밤 12시에서 새벽 2시 사이에 가장 높고, 일반적으로 아침 8시에 가장 낮다. 또한 하루에 8시간 미만으로 자는 기간이 길어지면 렙틴 농도가 낮아질 수 있다고 하니, 적절한 수면도 다이어트에 중요하다는 것을 알 수 있다.

폭식 말고 리피딩

리피딩을 제대로 하고 싶다면 어떻게 해야 할까? 리피딩은 폭식하는 것이 아니다. 단순히 먹고 싶은 것을 먹으며 심리적인 해방감을 느끼려고 하는 것도 아니다. 체계적 방법으로 우리 몸의 호르몬을 조절하려고 하는 것이다.

예를 들어 다이어트를 위해 하루 총에너지 소비량total daily energy expenditure, TDEE보다 500킬로칼로리 정도 적게 먹으며 체지방을 감량했다면, 다이어트를 하지 않는 평소에는 TDEE와 비슷하게 먹으면 체중이 유지될 것이다. 리피딩 데이에는 TDEE보다 약 30퍼센트 정도 더 먹는다. 20~30대 성인 남성과 여성의 TDEE가 약 2,600킬로칼로리와 약 2,100킬로칼로리 정도이므로 각각 약 3,400킬로칼로리와 약 2,750킬로칼로리를 섭취하면 된다. 정확히 계산하기 힘들면 다이어트를 하지 않는 평소에 섭취하던 열량의 1.3배가량을 더 섭취한다고 생각하면 편하다. 이 열량에서 단백질과 지방을 제외한 나머지를 탄수화물에 배정하면 된다. 특히 다이어트를 할 때는 잘 먹지 않던 단당류같이 GI지수glycemic index(혈당지수)가 높은 탄수화물을 많이 배정하면 좋다.

원래 다이어트를 해서 살이 빠진 사람은 근손실을 막기 위해 단백질 섭취량을 늘리는 것이 중요하며, 운동을 병행할 경우 더욱 많은 단백질을 섭취해야 한다. 그러나 리피딩을 할 때는 열량 결핍 상태에서 벗어나는 것이 가장 중요하므로 단백질 섭취량은 크게 고려하지 않아도 된다. 탄수화물을 평소보다 많이 먹었기 때문에 여분의 에너지원이 생긴데다 단백질은 에너지원으로 전환되기보다는 자신의 원래 역할에 충실할 수 있도록 낭비되지 않는다. 그리고 단백질 섭취는 렙틴 농도에 영향을 미치지 않기 때문에 평소보다 단백질을 약간 적게 먹더라도 상관없다. 일반적인 식사를 할 때 권장하는 양인 체중 1킬로그램당 1그램 정도, 성인 남성과 여성 기준으로 각각 약 60~80그램, 약 40~60그램 정도를 섭취하면 된다.

지방은 어떨까? 지방은 렙틴 농도에 영향을 미치지 않거나 오히려 렙틴 농도를 낮출 수도 있다는 연구가 있다. 따라서 지방 섭취량은 일반적으로 권고하는 비율, 즉 TDEE의 10~20퍼센트인 30~40그램 정도 섭취하면 된다. 아무래도 지방을 적게 섭취해야 하는 만큼 피자나 아이스크림과 같은 고지방 음식은 리피딩 데이에도 피하는 게 좋다. 술도 렙틴의 증가를 억제하기 때문에 좋지 않다.

정리해보면 TDEE가 2,600킬로칼로리 정도인 70킬로그램 성인 남성을 기준으로 리피딩 데이에는 단백질 70그램, 지방 35그램, 탄수화물 700그램 정도를 섭취하는 것이 가장 이상적이다. 또한 TDEE 2,100킬로칼로리 정도인 50킬로그램 성인 여성을 기준으로 리피딩 데이에는 단백질 50그램, 지방 30그램, 탄수화물 570그램 정도를 섭취하는 것이 가장 이상적이다. 단백질과 탄수화물의 열량은 1그램당 4킬로칼로리, 지방은 1그램당 9킬로칼로리로 계산한다. 코카콜라 250밀리리터 한 캔에 들어 있는 탄수화물이 27그램 정도이고, 공깃밥 210그램 한 공기에 들어 있는 탄수화물이 70그램 정도임을 생각해보면 상당히 많은 편이다. 탄수화물을 한꺼번에 많이 먹으면 힘들 수 있으니 2~3시간 간격으로 섭취한다.

어느 정도 제한은 있지만 허락되는 과식이라니 눈이 번쩍 뜨이는 사람도 있을 것이다. 그러나 리피딩 데이를 너무 자주 가지면 렙틴 농도가 과하게 높아진 상태가 유지되어 오히려 렙틴 저항성이 생길 수 있다. 따라서 리피딩 데이는 주기적으로 가끔만 가져야 한다. 이미 체지방률이 낮은 상태이고 빠듯한 식단 관리를 한 지 꽤 되었다면, 신진대사가 낮은 상태일 확률이 높으므로 일주일에 한 번씩 리피딩 데이를 가지는 것이 좋다. 반면에 다이어트 초기이거나 체지방률이 남성은 10퍼센트 이상, 여성은 20퍼센트 이상 낮은 편이 아니라면 리피딩 데이를 굳이 갖지 않아도 다이어트를 잘 유지할 수 있다. 이런 사람들은 2주에 한 번씩 리피딩 데이를 가지고 몸이 어떻게 반응하는지 지켜보면서 조절한다.

부작용은 주의하자

어떤 다이어트 방법이든 좋은 면만 있는 것은 아니다. 과하면 안 하느니만 못한 경우도 있고, 잘못된 방법으로 진행하거나 애초에 내 몸과 맞지 않을 수도 있다. 간헐적 단식 같은 다이어트는 소화불량 등의 위장 장애를 일으키고, 극단적 다이어트는 요요를 일으킬 수 있는 것처럼 리피딩도 부작용이 나타날 수 있다.

특히 극단적 다이어트를 한 사람의 몸은 이미 지방과 단백질을 에너지원으로 사용하는 대사 체계에 적응되어 있는데, 리피딩을 하면서 갑자기 많은 탄수화물에 노출되면 리피딩증후군이 생길 수 있다. 혈당이 급격히 높아지면 인슐린 농도가 높아지고, 이는 글리코겐, 단백질, 지방의 합성 과정을 늘리면서 ATP를 과다 생성한다. ADP로부터 ATP를 만드는 과정에서 다량의 인산이 필요해지면서 인산의 혈중농도가 낮아지는 저인산혈증이 발생한다. 이로 인해 약 4일간은 피곤, 호흡 곤란, 혈압 상승, 발작, 부정맥과 같은 리피딩증후군이 발생하며 심지어는 생명이 위험할 수도 있다.

리피딩을 시도하려는 사람들 중 아래 사항에 하나라도 해당되면 리피딩증후군이 나타날 수 있으므로 주의해야 하며, 리피딩을 하기 전에 반드시 의료진을 비롯한 전문가의 도움을 받아야 한다.

BMI 지수가 16 이하인 경우

지난 3~6개월간 체중의 15퍼센트가 빠진 적이 있는 경우

지난 10일 이상 음식을 거의 먹지 않은 경우

혈액검사에서 혈중 인산, 칼륨, 마그네슘 농도가 낮게 나온 경우

알코올성 질환을 앓은 경험이 있는 경우

암 환자거나 당뇨병이 있는 경우

현재 인슐린, 항암제, 이뇨제, 제산제를 투여하고 있는 경우

최근 수술을 한 경우

거식증 혹은 영양 결핍이 있는 경우

리피딩증후군의 치료 방법은 아직 연구 중이다. 지금은 주로 필요

한 전해질을 다시 채워주는 방법을 쓰거나 휴식을 취하게 한다. 그럼에도 리피딩을 계속하고 싶다면 조금 더 느리게, 덜 먹으며 진행해야 한다. 리피딩 시행 초기에 리피딩 권장 열량보다 훨씬 낮게, 조금씩 천천히 올리기 시작하는 것이다.

4

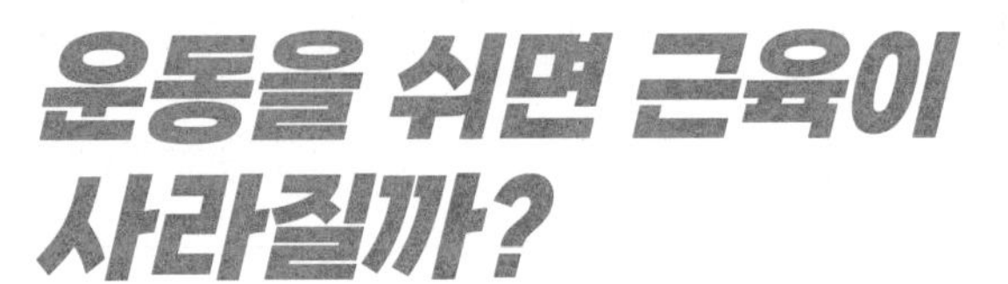

운동을 쉬면 근육이 사라질까?

운동으로 한 번 근육을 키운 사람은 휴식기를 가져도 다시 운동을 시작하면 근육 성장이 더욱 빠르고 효율적으로 일어난다. 이를 머슬 메모리라고 한다. 머슬 메모리의 메커니즘은 크게 근핵 수 증가, 근력운동을 통한 후성유전학적 변화, 운동학습을 통한 효율성 증가를 꼽을 수 있다. 또한 머슬 메모리는 상당히 긴 시간 동안 지속되는 것으로 추측하고 있다.

운동을 하다 보면 바쁜 스케줄이나 부상 등으로 쉬어야 할 때가 생긴다. 운동을 꾸준히 해왔던 사람에게는 잠시라도 운동을 못 하는 상황이 아쉽고 속상한 일이다. 운동을 쉬면 지금껏 열심히 만든 근육이 다시 빠지지는 않을까 걱정되고 불안하기 때문이다. 사실 운동 휴식기 동안 근육의 부피가 줄어들기는 한다.

그런데 운동을 쉬었다가 다시 시작하면 이전과는 다른 놀라운 성장

속도로 금세 과거의 근육량과 운동 능력을 되찾을 수 있다. 그 이유는 무엇일까?

마법 같은 기억, 머슬 메모리

근육이 마치 과거의 상태를 기억하듯, 꾸준한 훈련으로 만들어진 과거의 상태로 금세 돌아가는 것을 머슬 메모리muscle memory라고 한다. 많은 사람이 머슬 메모리가 존재한다는 사실은 경험적으로 알고 있다. 머슬 메모리는 과학적인 면에서 두 가지 의미로 사용된다. 첫 번째는 운동학습motor learning이라고 불리며, 근육의 절차기억procedural memory이 중추신경계에 저장되는 것을 말한다. 자전거를 타거나 악기를 연주하는 등 반복 학습을 통해 습득한 근육의 동작이 중추신경계에 저장되는 것이다.

두 번째는 아래에서 살펴볼 내용으로 근육이 근력운동에 적응하는 과정을 말한다. 근력운동으로 근육의 성장을 유발할 때, 휴지기를 거친 이후 다시 훈련하면 근육 성장이 이전보다 더욱 신속하게 일어나는 것이다.

운동하는 사람에게 가장 중요한 것은 운동을 쉬었을 때 머슬 메모리가 얼마나 유지되는가이다. 여러 연구결과를 통해 머슬 메모리의 메커니즘과 유지 기간에 대해 알아보자.

머슬 메모리의 메커니즘

지금까지 알려진 머슬 메모리의 메커니즘은 크게 세 가지가 있다.

머슬 메모리의 첫 번째 메커니즘은 한 번의 근육 성장으로 근핵myonuclear 수가 증가하면서 이후 휴지기를 지나고도 근육이 빠르게 성장하는 것이다. 근육조직을 구성하는 기본 단위인 근섬유의 크기가 커지는 것이 바로 우리가 목표하는 근육 성장이다. 이때 근섬유의 크기는 근핵 수×근핵 단백질 합성으로 증가하며, 단백질 분해를 통해 감소한다.

머슬 메모리 연구가 진행되기 이전에는 근육이 성장하면 단순히 근핵 수가 증가하여 근섬유가 커지고, 이는 다시 근육 성장으로 이어진다고 생각했다. 반대로 근육이 빠지는 근위축이 생기면 근핵 수가 감소해 근섬유도 작아진다고 생각했다.

그러나 최근 여러 연구에 따르면, 운동을 쉬어 근위축이 생기면 근핵 수가 감소하는 것이 아니라 근섬유의 크기만 줄어든다는 사실이 밝혀졌다. 따라서 운동을 해서 근핵 수가 많아진 사람은 운동을 쉰 뒤에 다시 훈련할 때 근핵이 많아질 필요가 없다. 결국 이미 근핵 수가 증가된 상태이므로 예전보다 근육을 더 빠르게 키울 수 있다. 현재는 이처럼 최초 훈련에 의해 늘어난 근핵 수가 근위축 상태에서도 유지되는 것을 머슬 메모리의 주요 메커니즘으로 생각하며, 근핵 수가 많은 상태를 머슬 메모리가 있는 상태라고 한다.

머슬 메모리의 두 번째 메커니즘은 근력운동을 통한 후성유전학적 변화epigenetic change다. 우리가 일반적으로 생각하는 유전은 선천적 특성인 DNA의 염기서열이다. 후성유전학은 DNA 염기서열의 변화 없이 유

근섬유 크기의 주요 조절 메커니즘과 근핵 수1

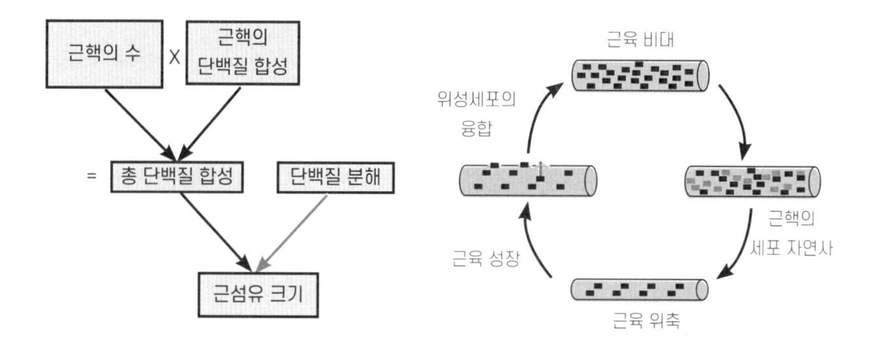

근섬유 크기의 주요 조절 메커니즘과 근핵 수2

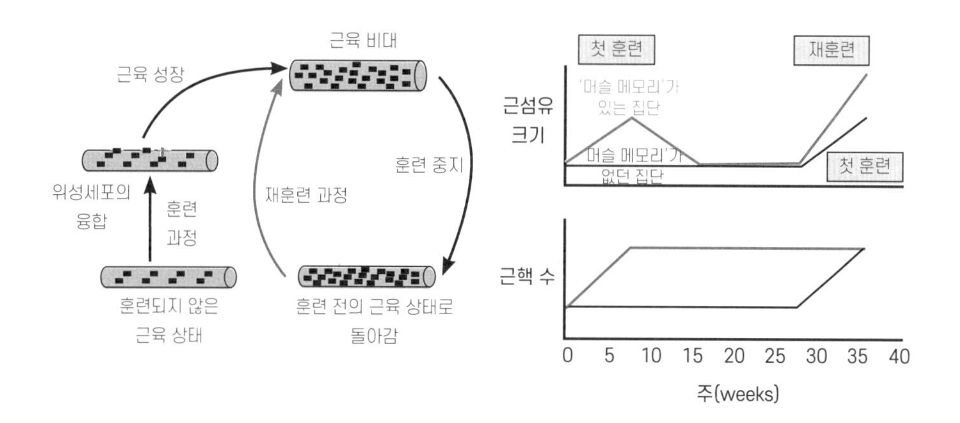

전자 발현의 조절을 다루는 학문이다.

근력운동을 하면 후성유전학적 변화가 근섬유에 영향을 미친다는 사실은 2018년 시본Seaborne R이 처음 보고했다. 해당 연구에 따르면, 8명의 건강한 남성에게 주 3회씩 7주간 근력운동을 시킨 뒤 7주간 휴지기를 가진 다음, 다시 7주간 재훈련을 시켰더니 근육의 성장 속도가 비약적으로 증가했다. 또한 피험자들의 근육 조직의 DNA 메틸화, 즉 유전자 발현의 억제 작용을 분석했더니 최초 훈련 후에 발생한 후생유전학적 변화가 휴지기와 재훈련 때에도 그대로 유지되는 것을 확인했다.

머슬 메모리의 세 번째 메커니즘은 운동학습을 통해 근육 훈련의 효율성이 증가하여 근육 성장이 더욱 빠르게 이루어진다는 원리다. 앞서 자전거 타기나 악기 연주 등 근육의 동작이 중추신경계에 저장되는 현상을 운동학습이라고 했다. 이를 근력운동에도 적용할 수 있는데, 처음 접할 때 많은 노력이 필요했던 운동도 나중에 다시 하면 더욱 쉽게 느껴지는 것과 같은 메커니즘이다. 꾸준히 반복훈련을 했던 경험이 있으면 운동학습 효과가 나타나서 운동 휴식기를 가져도 처음 운동할 때에 비해 더욱 쉽고 효율적으로 근육 성장을 이룬다는 것이다. 그러니 일이 바빠 오랫동안 운동을 못 했다고 해서 너무 걱정하지 말자. 다시 운동을 시작하면 얼마 지나지 않아 원래 자신이 가지고 있던 운동 능력을 회복할 것이다.

의대생,
보디프로필 촬영에 도전하다

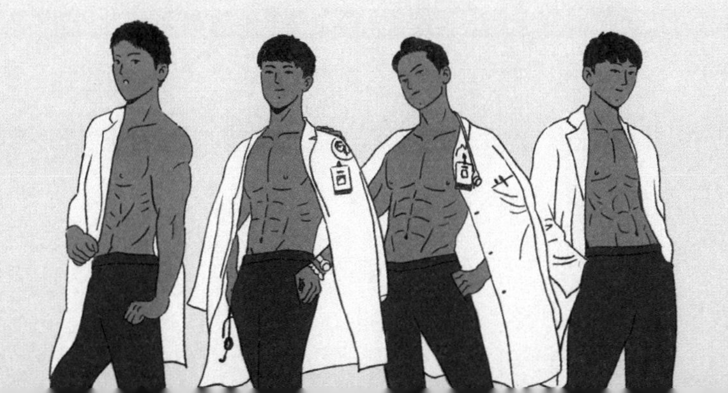

김헌

연세대학교 의학과 17학번, ARMS 2기 공동회장

보디프로필 촬영을 결심하다

보디프로필 촬영을 준비할 때는 의과대학 본과 1학년을 마친 겨울방학이었다. 지인으로부터 단체 보디프로필을 찍어보자는 제안을 받고 본격 몸만들기에 돌입했다. 당시 나는 운동 경력이 있었는데, 대학교 입학 전에는 턱걸이 같은 맨몸운동을 주로 하다가 입학 후 웨이트 트레이닝을 3년 정도 하고 있었다. 예전에 교내 보디빌딩 대회에 나가기 위해 다이어트를 해본 적이 있어서 '극한 수준의 다이어트'는 익숙한 편이었다. 다만 보디빌딩 대회의 목표는 심사위원의 기준에 맞추는 것이지만, 보디프로필 촬영의 목표는 내가 원하는 사진을 남기기 위한 것이었으므로 새로운 도전이었다.

보디프로필 촬영을 마음먹은 가장 큰 이유는 근육량을 늘리고 싶었기 때문이다. 보디프로필 촬영을 하려면 다이어트를 할 수밖에 없고, 촬영 후 체중을 원래 상태로 되돌리는 과정에서 근육량을 늘릴 수 있었던 것이다. 또 한창 젊고 멋있는 순간이 담긴 사진을 남기려는 마음도 있었다.

근력운동을 시작하면 근육량이 빨리 늘어난다. 그러나 몇 년 동안 꾸준히 하다 보면 증가 속도가 점차 느려진다. 체내 단백질인 마이오스타틴myostatin이 근육의 과도한 성장을 억제하기 때문이다. 몸을 만들다가 근육량이 더 이상 늘지 않아 고민하던 중 극한의 다이어트, 흔히 말하는 '커팅' 이후 다시 체중을 천천히 늘리면 근육량 증가에 큰 도움이 된다는 정보를 알게 되었다. 과학적으로 따져봐도 근거가 있다. 극한의 다이어트를 한 직후라면 인슐린 민감도가 매우 늘어난다. 다시 체중을 늘리는 과정에서 근섬유로의 영양분 흡수가 더욱 원활히 진행되고, 빠른 근육 성장으로 이어질 것이다.

몸을 만드는 과정은 고통스러웠다. 그러나 미리 체지방을 최대한 많이 빼야 다이어트를 한 상태의 체지방량과 평상시 체지방량 사이의 차이가 커지면서 근육량이 늘어날 구간을 충분히 확보할 수 있기 때문에 이를 악물었다. 근육량이 늘면 필연적으로 체지방도 늘어난다.

본과 1학년에서 2학년으로 넘어가는 7주간의 겨울방학 동안 다이어트를 마치고 보디프로필을 촬영하기로 했다. 7주라는 빠듯한 기간 안에 최대한 체지방을 효율적으로 제거하려면 체계적인 운동과 식단이 필수였다.

보디프로필 촬영을 위한 운동과 식단 계획

과거에 소아비만을 겪어서인지 체중을 감량하는 일이 다른 사람에 비해 어려웠다. 일정한 체중을 유지하는 수준으로 먹다가 다이어트를 하며 식사량을 줄이면 2~3일 내로 심한 몸살이 온다. 하루 섭취 열량이 줄어듦에 따라 체내 소모 열량도 줄이려는 현상으로 추측된다. 이렇게 체중을 감량하는 데 약간 불리한 상태에 있다 보니, 50일간 진행할 식단과 운동량에 급격한 변화보다 점진적 변화를 주는 것이 낫다고 판단했다.

[운동 계획]

1~3주 상체 근육 밀기, 상체 근육 당기기, 하체 근육운동을 하루에 한 가지씩 3일간 하고, 하루 휴식을 반복했다. 근육이 성장하려면 운동뿐만 아니라 충분한 휴식도 필요하므로 연달아 같은 부위를 운동하지 않았다. 처음 2주간은 무산소운동만 하다가 3주차부터 유산소운동을 추가했다. 유산소운동으로 무산소운동 직후 심박수를 150비피엠 이상 유지하면서 20~30분

동안 달렸다. 무산소운동은 하루에 1시간 30분~2시간 동안 했다.

4~5주 무산소운동을 하루 2~3시간으로 늘렸다. 유산소운동으로 무산소운동 직후 심박수를 150비피엠 이상 유지하면서 30분 동안 달렸다.

6~7주 무산소운동을 3시간 이상 했다. 이 직후 유산소운동으로 심박수 130비피엠 정도를 유지하는 수준에서 40분 이상 달렸다.

[식단 계획]

1~10일 탄수화물 220그램, 단백질 150~170그램, 지방 40~50그램 정도 섭취(하루에 약 2,000킬로칼로리)

11~20일 탄수화물 180그램, 단백질 150~170그램, 지방 40그램 정도 섭취(하루에 약 1,800킬로칼로리)

중간에 맞이한 설날에는 하루 동안 마음껏 폭식했다.

이후 2주 탄수화물 사이클링(평일에는 하루 40~100그램 저탄수화물 섭취, 일요일에는 하루 동안 마음껏 먹는 방식)

남은 2주 탄수화물 150그램, 단백질 150~170그램, 지방 20~30그램 정도 섭취(하루에 약 1,500킬로칼로리)

산 넘어 산, 결코 쉽지 않은 몸만들기

다이어트를 하기 힘든 이유는 음식에 대한 선택권이 줄어들기 때문이다. 더욱이 피트니스 대회 참가나 보디프로필 촬영을 목적으로 건강하지 못한 수준까지 체지방을 감량해야 한다면 열량 계산에 민감해질 수밖에 없다. 평소에 마음 놓고 먹었던 비교적 고열량 음식은 멀리하게 된다. 외식 메뉴도 제한적인데, 하루 섭취 열량이 높아지고 열량을 계산하는 것도 어렵기 때문이다. 그래서 가끔씩 열량 계산이 편한 써브웨이 샌드위치를 먹곤 했다.

그런데 이보다 더 다이어트를 어렵게 만드는 이유가 있다. 바로 컨디션 저하다. 컨디션 저하는 배고픔과는 별개다. 배꼽시계에서 보내는 신호는 어떻게든 노력하면 무시할 수 있다. 문제는 다이어트를 진행할수록 몸에 힘이 없어진다는 점이었다. 확 줄어든 열량에 적응하기 위해 내 몸이 소모하는 열량을 줄이는 과정에서 생긴 현상일 것이다. 방학 중에 다이어트에 돌입한 나는 방학 초반에는 통계학 교실에서 인턴십을 하고 있었고, 후반기에는 오케스트라 동아리 연습을 하고 있었다. 컨디션이 저하되자 모든 일에서 효율이 떨어지는 것이 느껴졌다. 통계학 인턴십을 할 당시 배운 지식을 잘 적용하지 못하고, 머리가 다른 때에 비해 둔하다는 게 느껴졌다.

기운이 없으면 정서적으로 예민해진다. 평소에는 대수롭지 않게 넘길 일에도 짜증이 났다. 그럴 때마다 과연 이게 화날 만한 일인지 곱씹으며 객관화하려고 노력했다. 동아리 연습이 끝나고 뒤풀이를 할 때였다. 후배들은 내가 다이어트 때문에 안주를 못 먹는다는 걸 알고 약 올리기 시작했다. 여기까지는 아무렇지도 않게 웃어넘길 수 있었다. 그런데 한 후배가 안주 대신 먹고 있던 닭가슴살과 현미밥을 먹어보고 싶다고 해서 조금 나눠주었더니 “생각보다 맛있네. 다이어트도 할 만할 거 같은데?”라고 하는 것이 아닌가. 최대한 표를 내지 않았으려고 노력했지만 속으로는 화가 많이 났다. 소중한 양식을 뺏어먹은 것이나 다름없는데, 나의 노력까지 폄훼하는 것처럼 들렸기 때문이다. 그래도 다이어트를 할 때면 평소보다 예민해지는 것을 인지하고 있었기 때문에 최대한 다른 사람들과 갈등을 빚지 않고자 노력했다. 실제로도 사람들과 큰 마찰을 겪지 않고 힘든 시간을 넘겼다.

다이어트의 고통이라면 이 밖에도 많겠지만, 하나만 더 들자면 수면 부족이다. 다이어트를 하면 음식 섭취가 줄면서 저혈당 상태가 된다. 그러면 체내 교감신경계가 자극받아 잠을 이루기 어려워진다. 중요한 시험 전날 너무 긴장한 탓에 교감신경이 항진되어 잠을 잘 못 자는 것과 비슷하다. 다이어트 막바지에는 하루에 잠을 6시간 이상 자기 힘들었다. 어렵게 잠이 들어도 새벽에 자주 깼고, 깨고 나면 다시 잠들기 어려웠다. 안 그래도 항상 배고프고 힘이 없는데, 설상가상으로 잠까지 모자라니 컨디션이 너무 좋지 않았다.

수면의 양과 질이 체지방 감량에 꽤 큰 영향을 미치기 때문에 문제를 해결하려고 몇 가지 방법을 적용해보았다. 우선 하루 탄수화물 섭취량은 유지하면서 저녁에 탄수화물 섭취를 늘렸다. 하루 탄수화물 섭취량을 180그램으로 정하고, 세 끼에 나눠 먹을 경우 아침 50그램, 점심 65그램, 저녁에 65그램을 섭취했는데, 이를 각각 30그램, 50그램, 100그램으로 바꾸었다. 아침과 점심에 탄수화물을 덜 섭취해야 해서 조금 아쉬웠지만, 이렇게 식사 방식을 바꾸고 나니 잠들기 편해졌다.

탄수화물 섭취량을 조절하고도 잠이 안 오면 닭가슴살을 100그램 정도 먹었다. 닭가슴살에는 수면을 돕는 트립토판 아미노산이 풍부하고, 무언가를 먹으면 어느 정도 교감신경계의 활성화를 억제하는 효과가 있을 것이라고 판단했기 때문이다. 실제로 내가 생각했던 효과가 나타난 것인지 아니면 위약 효과 때문인지는 모르겠지만, 이러한 방법을 쓴 뒤부터는 더 쉽게 잠들 수 있었다.

자기 직전에는 운동을 하지 않았다. 격렬한 운동을 하면 부교감신경계는 저하되고 교감신경계가 활성화되는데, 운동 중 심박수가 증가하는 현상이 이러한 사실을 잘 보여준다. 운동 직전 체지방 감량을 촉진하기 위해 카페인을 150밀리그램 정도 섭취했는데, 격렬한 근력운동까지 한 후 잠드는 것은 쉽지 않았다. 가뜩이나 컨디션이 저하된 상태에서 운동할 힘이 나지 않아 카페인만큼은 도저히 끊을 수 없었다. 더욱이 운동할 때는 물을 2~3리터나 마시다 보니 화장실을 가려고 중간에 깨는 경우도 상당히 많았다. 이러한 문제를 해결하기 위해 운동과 수면 사이에 최소 4시간의 간격을 두게 되었다.

원래 식욕이 많은 편이라 식단이 항상 계획대로 진행되진 않았다. 이때도 식욕 조절 실패, 흔히 '입터짐'이라고 하는 사고가 몇 번 있었다. 식사하는 가족들 옆에서 혼자 다이어트 식단을 먹다가 반찬을 집어 먹은 적이 몇 번 있었다. 열량을 따져보면 다이어트에 큰 지장이 있을 정도는 아니었다. 하지만 계속 자신과 타협하면 결국 다이어트를 실패할지도 모른다는 불안감이 몰려왔다. 이럴 경우에는 아파트 헬스장에서 사이클을 30분 정도 타고 왔다. 이렇게라도 스스로 벌을 내려야 앞으로는 덜 타협할 거라는 생각이 들었다.

가끔 탄수화물 사이클링도 문제가 되었다. 탄수화물 사이클링을 실시하는 동안 마음껏 먹는 날로 정해둔 일요일에는 무절제하게 폭식을 했다. 잠을 잘 못 잘 정도로 너무 많이 먹은 나머지, 다음 날 어지러워 운동을 제대로 못한 적도 있다. 다이어트 중 아주 가끔씩 양을 늘려 먹으면 대사량을 끌어올리는 긍정적인 효과가 있다는 연구도 있지만, 아무리 마음껏 먹는다 해도 다음 날 일상에 지장을 주면 곤란하다.

이렇게 힘겨운 다이어트의 결말은 어떻게 됐을까? 원래 다이어트의 목표였던 교내 보디빌딩 대회에서는 예선 탈락했다. 하지만 얻은 것도 많고 만족스러운 경험이었다. 무엇보다 음식의 소중함을 깨달았다. 다시 시작한 일반식은 행복을 안겨주었다. 지극히 평범한 음식이지만, 이렇게나 맛있다니! 또 하나, 다이어트를 하면서 했던 공부가 지식을 쌓는 것은 물론이고 정신적으로도 많은 도움이 되었다. 언젠가 다시 하게 될 다이어트에 큰 도움이 될 것이다.

보디프로필 촬영을 마치고

인류가 비만을 걱정하기 시작한 것은 매우 최근의 일이다. 우리 몸은 과잉 섭취한 열량을 체지방으로 축적하기 쉬운 방향으로 진화해왔다. 먹을 것이 부족할 때 생존에 유리하기 때문이다. 결국 다이어트는 인체의 경향성을 거스르는 행위이므로 쉽지 않은 게 당연하다. 특히 보디프로필을 촬영하겠다며 한 자릿수 체지방률을 오랫동안 유지하는 것은 건강에도 좋지 않다. 그래서 다이어트는 내 몸이 힘든 것을 감수하려는 의지가 무엇보다 중요하며, 이러한 의지를 튼튼히 다진 뒤에야 어떤 방법이 더 효과적인지 따지는 것이 의미 있다.

그런데 체중 감량보다 어려운 일이 다이어트 이후의 관리다. 다이어트가 끝난 직후 열량 과잉 상태가 되면, 체지방세포의 개수가 늘어나 다이어트를 시작하기 전보다 체중 관리가 훨씬 힘들어진다는 연구결과가 있다. 보디프로필을 촬영하겠다는 목적으로 '건강하지 못한 수준'까지 체지방을 감량한 상태에서 정상 체중으로 되돌리고 싶다면, 점진적으로 섭취 열량을 늘리면서 천천히 대사량을 회복하는 것이 좋다. 나의 경우 다이어트 직후 대사량을 회복시키는 이른바 리바운드 기간을 40일 정도로 잡았다. 덕분에 건강에도 무리가 없었고, 체형도 원하는 수준을 꾸준히 유지할 수 있어서 괜찮았다. 만약 비만 상태에서 건강이나 미용을 목적으로 체지방을 감량하고 그 상태를 유지하고 싶다면, 다이어트 이후 음식 섭취량을 천천히 늘리며 과식하지 않도록 적절한 수준을 유지하는 것이 좋다.

보디프로필 촬영을 준비하며 느낀 점은 다이어트에서는 의지력이 가장 중요하다는 것이다. 건강에 문제가 없는 이상 의지력을 갖추고 올바른 방법을 선택한다면 다이어트는 성공할 수 있다.

서동현

연세대학교 의학과 17학번, ARMS 2기 공동회장

버킷 리스트였던 보디프로필 촬영

3년 동안 헬스를 중심으로 운동해온 나에게 보디프로필 촬영은 버킷 리스트 중 하나였다. 운동에 조금이라도 관심 있는 사람은 공감하겠지만, 보디프로필 촬영은 운동 경력에서 누구나 한 번쯤 하고 싶어 한다. 나는 버킷 리스트를 완성하기 위한 준비 기간을 한 달 반 정도로 잡았다. 학기 중에는 도저히 시간을 낼 수 없어서 운동에 집중할 수 있는 방학을 이용하기로 했다. 짧은 준비 기간을 알차게 활용하기 위해 촬영 스튜디오를 예약했다. 돌이켜보면 미리 친구들과 비싼 값을 지불하고 촬영 날짜까지 정했기 때문에 압박감이 드는 한편, 서로 경쟁심이 생겨서 더욱 집중할 수 있었던 것 같다.

운동을 시작하기 전 키는 173센티미터, 체중은 67킬로그램이었다. 공부로 인한 스트레스를 운동으로 풀었던 터라 주 4~5회 헬스장에서 근력운동을 1시간~1시간 30분 정도 꾸준히 했다. 유산소운동은 규칙적으로 하지 않았다. 운동을 본격적으로 시작하기 전에는 인바디 기준 체지방률이 12퍼센트로 매우 마른 체형이어서 유산소운동을 병행하지 않아도 적정량의 체지방률을 유지할 수 있었기 때문이다. 동시에 골격근량은 35킬로그램 정도를 유지하는 편이었다. 식단을 엄격히 조절하지는 않았지만, 야식을 먹거나 지나치게 염분이 높고 지방이 많은 음식은 피하려고 했다.

다이어트를 본격적으로 시작하기 전에 목표 체성분 수치를 설정하면 동기 부여에 도움이 된다고 생각했다. 처음에는 한 달 반 안에 큰 변화를 기대하기 어렵다고 생각해 현실적인 목표를 세웠다. 보디프로필 촬영을 경험한 지인들의 조언을 들어보니 보디프로필 사진에서 절대적으로 중요한 것이 '감량'이었다. 따라서 체지방을 덜어내는 것에 중점을 두기로 했다. 근육량도 유지할 수 있다면 더욱 만족스러운 결과가 나오겠지만 준비 기간이 짧은 만큼 큰 욕심은 갖지 않기로 했다. 체지방 3~4킬로그램을 감량하는 것을 목표로 삼았다. 지방 1그램이 산화하려면 9킬로칼로리가 필요한데, 3~4킬로그램을 감량하려면 무려 27,000~36,000킬로칼로리의 열량을 소비해야 한다.

간헐적 단식과 함께한 본격 다이어트

다이어트에서 식단은 운동만큼 중요하다. ARMS에서 다이어트에 관해 공부할 때 간헐적 단식이 도움이 된다는 사실을 알게 되었고, 한 달 반 동안 이 방법을 실천해보기로 했다. 오후 1시~오후 7시 사이 6시간 동안만 식사하고, 이 외에는 열량이 있는 음식을 전혀 먹지 않는 1:3 간헐적 단식법을 시작했다. 간헐적 단식은 여러 가지 다이어트 식단 중에서 가장 과학적 근거가 탄탄하고, 꾸준히 하기에 좋은 방법이어서 심리적인 부담도 덜 수 있다고 생각했다. 간헐적 단식을 선택한 근거는 다음과 같다.

지방이 에너지원으로 이용되기 위해서는 음식 섭취 후 12시간이 지나야 한다. 인슐린은 지방을 합성하는 소위 '비만 호르몬'으로, 단식 기간이 8~12시간 이상으로 길어져야 분비가 억제되어 감소하는 것으로 밝혀졌다.

간헐적 단식을 하면 인슐린 분비 자체가 억제되지만, 이에 대한 저항성도 생겨 인슐린의 작용을 방해한다. 이는 실제로 지방간, 당뇨 같은 대사성질환에 도움이 된다고 한다.

간헐적 단식은 지속 가능성이 높고 다른 다이어트 방법과 병행하기 쉽다.

간헐적 단식을 하는 동시에 식단은 최대한 닭가슴살과 고구마 위주로 구성했다. 단백질은 근육 합성과 운동 수행 능력에 도움이 되는 성분이다. 체중 1킬로그램당 2~2.5그램으로 계산해 매일 약 130그램을 섭취했고, 이 외에는 고구마와 단호박에 든 탄수화물로 에너지를 보충했다. 점심에는 아몬드 8개를 곁들여서 최소한의 지방도 섭취했다. 또한 종합비타민과 오메가3를 먹음으로써 부영양소의 불균형이 발생하지 않도록 신경 썼다. 이렇게 매일 기초대사량 정도인 1,500킬로칼로리만 섭취하는 식단을 한 달 반 동안 지속했다.

가장 고민이 되었던 건 운동 방식이다. 체지방을 줄여야 하기 때문에 달리기 같은 유산소운동을 운동 패턴의 일부로 포함시키되, 근력운동과 비율을 잘 맞추어야 했다. 주 3~4회 5킬로미터씩 달리기를 하며 회당 300킬로칼로리 정도가 소비되도록 했고, 근력운동은 아침과 저녁에 1시간씩 매일 2시간가량 했다. 많은 사람이 근력운동의 에너지 소비량을 저평가하곤 한다. 근력운동도 저중량 고반복으로 훈련하면 체중 감량 효과가 있다는 연구결과가 있다. 이에 따라 기운이 부족한 아침 시간에 저중량 고반복 근력운동을 계속했다.

당시에는 유산소운동을 너무 과격하게 하면 근손실이 발생하므로 필요한 만큼만 하려고 했다. 그런데 최근 연구결과들은 유산소운동 역시 근육 합성에 유의미한 도움을 준다고 결론 내렸다. 보디프로필을 준비하는 독자 중에서 '오늘 너무 많이 달렸는데, 애써 만든 근육을 잃는 것은 아닐까?' 같은 걱정을 하고 있다면 너무 걱정하지 않아도 괜찮다.

몸은 노력을 배신하지 않았다. 준비 기간이 짧아서 사진이 잘 나올지, 기대했던 만큼 몸이 만들어질지 등 걱정이 많았지만, 꾸준히 노력한 덕에 만족스러운 결과를 얻었다. 결과적으로 체지방률은 12퍼센트에서 6.5퍼센트까지 떨어졌고, 골격근량은 35킬로그램에서 32킬로그램으로 줄었다. 체중은 67킬로그램에서

60킬로그램으로 7킬로그램이 줄었다.

보디프로필 촬영을 준비하면서 가장 힘들었던 점은 식단을 유지하는 일이었다. 유일하게 쉴 수 있는 방학에 지인들과의 약속 자리에서까지 샐러드와 닭가슴살 등만 먹어야 하니 난처할 따름이었다. 식사를 6시간 사이에만 할 수 있으면 너무 배고프진 않은지 물어보는 사람도 많았다. 그런데 이것도 곧 익숙해진다. 한 가지 팁이 있다면 단것이 너무 먹고 싶을 때 곤약 젤리를 추천한다. 맛있고 포만감도 느낄 수 있는 데다, 한 개당 2~3킬로칼로리밖에 되지 않는 이 간식은 다이어트를 하는 동안 정말 엄청난 위로가 되었다.

보디프로필 촬영을 마치고

많은 사람이 멋진 보디프로필 사진 촬영을 꿈꾼다. 하지만 무리한 시도는 금물이다. 과격한 운동과 극단적인 식단은 단기적으로나 장기적으로나 건강에 해가 될 수 있기 때문이다. 가장 중요한 점은 내가 받아들일 수 있는 다이어트 방식을 택하는 것이다. 사람들마다 체형과 체질이 다르듯 자신과 맞는 효과적인 다이어트 방식도 모두 다르다. 블로그와 유튜브에 있는 수많은 다이어트 지식이 내 몸에는 정답이 아닐 수 있다. 결국 자신과 맞는 다이어트 방법을 찾아내 꾸준히 실천하는 것만이 건강하고 아름다운 몸을 가지는 방법이다.

참고자료

PART 1 몸만들기 기초, 잘못된 건강 상식 깨부수기

2 밤늦게 먹으면 살이 더 찔까?

[1] Arble DM, Bass J, Laposky AD, Vitaterna MH, Turek FW. Circadian timing of food intake contributes to weight gain. Obesity (Silver Spring). 2009 Nov ;17(11):2100-2102.

[2] Hatori M, Vollmers C, Zarrinpar A, DiTacchio L, Bushong EA, Gill S, Leblanc M, Chaix A, Joens M, Fitzpatrick JA, Ellisman MH, Panda S. Time-restricted feeding without reducing caloric intake prevents metabolic diseases in mice fed a high-fat diet. Cell Metab. 2012 Jun;6;15(6):848-860.

[3] Fonken LK, Workman JL, Walton JC, Weil ZM, Morris JS, Haim A, Nelson RJ. Light at night increases body mass by shifting the time of food intake. Proc Natl Acad Sci USA. 2010 Oct;26;107(43):18664-18669.

[4] Janine D Coulthard, Gerda K Pot. The timing of the evening meal: how is this associated with weight status in UK children? Br J Nutr. 2016 May 115(9):1616-1622.

[5] Hassan S Dashti, Frank A J L Scheer, Richa Saxena, Marta Garaulet. Timing of Food Intake: Identifying Contributing Factors to Design Effective Interventions. Advances in Nutrition, Volume 10, Issue 4, July 2019, 606-620.

[6] Kelly Glazer Baron, Kathryn J Reid, Linda Van Horn, Phyllis C Zee. Contribution of evening macronutrient intake to total caloric intake and body mass index. Appetite. 2013 Jan;60(1):246-251.

[7] Baron KG, Reid KJ, Horn LV, Zee PC. Contribution of evening macronutrient intake to total caloric intake and body mass index. Appetite. 2013 Jan;60(1):246-251.

[8] Baron KG, Reid KJ, Kern AS, Zee PC. Role of sleep timing in caloric intake and BMI. Obesity (Silver Spring). 2011 Jul;19(7):1374-1381.

[9] Gifkins J, Johnston A, Loudoun R. The impact of shift work on eating patterns and self-care strategies utilised by experienced and inexperienced nurses. Chronobiol Int. 2018 Jun;35(6):811-820.

[10] Yau YH, Potenza MN. Stress and eating behaviors. Minerva Endocrinol. 2013 Sep;38(3):255-267.

[11] Greer SM, Goldstein AN, Walker MP. The impact of sleep deprivation on food desire in the human brain. Nat Commun. 2013;4:2259.

[12] Brondel L, Romer MA, Nougues PM, Touyarou P, Davenne D. Acute partial sleep deprivation increases food intake in healthy men. Am J Clin Nutr. 2010 Jun;91(6):1550-1559.

[13] Gluck ME, Venti CA, Salbe AD, Krakoff J. Nighttime eating: commonly observed and related to weight gain in an inpatient food intake study. Am J Clin Nutr. 2008 Oct;88(4):900-905.

3 케토제닉 다이어트, 진짜 살이 빠질까?

[1] Harvey KL, Holcomb LE, Kolwicz SC Jr. Ketogenic Diets and Exercise Performance. Nutrients. 2019;11(10):2296. Published 2019.

[2] Nymo S, Coutinho SR, Jørgensen J, et al. Timeline of changes in appetite during weight loss with a ketogenic diet. Int J Obes (Lond). 2017;41(8):1224-1231.

[3] Bueno NB, de Melo IS, de Oliveira SL, da Rocha Ataide T. Verylow-carbohydrate ketogenic diet v. low-

fat diet for long-term weight loss: a meta-analysis of randomised controlled trials. Br J Nutr. 2013;110:1178-1187.

[4] Gershuni VM, Yan SL, Medici V. Nutritional Ketosis for Weight Management and Reversal of Metabolic Syndrome. Curr Nutr Rep. 2018;7(3):97-106.

[5] Paoli A, Cancellara P, Pompei P, Moro T. Ketogenic Diet and Skeletal Muscle Hypertrophy: A Frenemy Relationship?. J Hum Kinet. 2019;68:233-247.

4 간헐적 단식, 누구에게나 효과가 있을까?

[1] Johnstone A. (2015). Fasting for weight loss: an effective strategy or latest dieting trend?. International journal of obesity (2005), 39(5), 727-733.

[2] Stockman M. C, Thomas D, Burke J. & Apovian, C. M. (2018). Intermittent Fasting: Is the Wait Worth the Weight?. Current obesity reports, 7(2), 172-185.

[3] Tinsley G. M&La Bounty, P. M. (2015). Effects of intermittent fasting on body composition and clinical health markers in humans. Nutrition reviews, 73(10), 661-674.

[4] Heilbronn LK, Smith SR, Martin CK, et al. Alternate-day fasting in nonobese subjects: effects on body weight, body composition, and energy metabolism. Am J Clin Nutr. 2005;81:69-73.

[5] Varady KA, Bhutani S, Klempel MC, et al. Alternate day fasting for weight loss in normal weight and overweight subjects: a randomized controlled trial. Nutr J. 2013;12:146.

[6] Klempel MC, Kroeger CM, Varady KA. Alternate day fasting (ADF) with a high-fat diet produces similar weight loss and cardio-protection as ADF with a low-fat diet. Metabolism. 2013;62:137-143.

[7] Harvie MN, Pegington M, Mattson MP, et al. The effects of intermittent or continuous energy restriction on weight loss and metabolic disease risk markers: a randomized trial in young overweight women. Int J Obes. 2011;35:714-727.

[8] Hussin NM, Shahar S, Teng NIMF, et al. Efficacy of fasting and calorie restriction (FCR) on mood and depression among ageing men. J Nutr Health Aging. 2013;17:674-680.

[9] Stote KS, Baer DJ, Spears K, et al. A controlled trial of reduced meal frequency without caloric restriction in healthy, normal-weight, middle-aged adults. Am J Clin Nutr. 2007;85:981-988.

[10] Moro T, Tinsley G, Bianco A, Marcolin G, Pacelli Q. F, Battaglia G, Palma A, Gentil P, Neri M. & Paoli A. (2016). Effects of eight weeks of time-restricted feeding (16/8) on basal metabolism, maximal strength, body composition, inflammation, and cardiovascular risk factors in resistance-trained males. Journal of translational medicine, 14(1), 290.

5 채소를 많이 먹으면 살이 빠질까?

[1] Graaf CD. Why liquid energy results in overconsumption. Proceedings of the Nutrition Society. 2011;70(2):162-170.

[2] Kaiser KA, Brown AW, Brown MMB, Shikany JM, Mattes RD, Allison DB. Increased fruit and vegetable intake has no discernible effect on weight loss: a systematic review and meta-analysis. The American Journal of Clinical Nutrition. 2014;100(2):567-576.

[3] Tanumihardjo SA, Valentine AR, Zhang Z, Whigham LD, Lai HJ, Atkinson RL. Strategies to Increase Vegetable or Reduce Energy and Fat Intake Induce Weight Loss in Adults. Experimental Biology and Medicine. 2009;234(5):542-552.

[4] Butnariu M, Butu A. Chemical Composition of Vegetables and their Products. Handbook of Food

Chemistry. 2014;:1-49.
[5] Sato S, Mukai Y, Tokuoka Y, Mikame K, Funaoka M, Fujita S. Effect of lignin-derived lignophenols on hepatic lipid metabolism in rats fed a high-fat diet. Environmental Toxicology and Pharmacology. 2012;34(2):228-234.
[6] Mhurchu CN, Dunshea-Mooij C, Bennett D, Rodgers A. Chitosan for overweight or obesity. The Cochrane Database of Systematic Reviews. 2005;
[7] Keogh JB, Lau CWH, Noakes M, Bowen J, Clifton PM. Effects of meals with high soluble fibre, high amylose barley variant on glucose, insulin, satiety and thermic effect of food in healthy lean women. European Journal of Clinical Nutrition. 2006;61(5):597-604.
[8] Bell EA, Rolls BJ. Energy density of foods affects energy intake across multiple levels of fat content in lean and obese women. The American Journal of Clinical Nutrition. 2001Jan;73(6):1010-1018.
[9] Higgs S. Memory and its role in appetite regulation. Physiology &Behavior. 2005;85(1):67-72.
[10] Thomson CA, Rock CL, Giuliano AR, Newton TR, Cui H, Reid PM, et al. Longitudinal changes in body weight and body composition among women previously treated for breast cancer consuming a high-vegetable, fruit and fiber, low-fat diet. European Journal of Nutrition. 2004 May;44(1):18-25.
[11] Bertoia ML, Mukamal KJ, Cahill LE, Hou T, Ludwig DS, Mozaffarian D, et al. Changes in Intake of Fruits and Vegetables and Weight Change in United States Men and Women Followed for Up to 24 Years: Analysis from Three Prospective Cohort Studies. PLOS Medicine. 2015;12(9).

6 다이어트 콜라, 정말 살찌지 않을까?

[1] Mattes R, Popkin B. Nonnutritive sweetener consumption in humans: effects on appetite and food intake and their putative mechanisms. The American Journal of Clinical Nutrition. 2008;89(1):1-14.
[2] Franz M. Diet Soft Drinks-Exercise & Nutrition for Diabetics | Diabetes Self-Management[Internet]. Diabetes Self-Management. 2019[cited 3 December 2019].
Available from: https://www.diabetesselfmanagement.com/nutrition-exercise/meal-planning/diet-soft-drinks/
[3] Santos N, de Araujo L, De Luca Canto G, Guerra E, Coelho M, Borin M. Metabolic effects of aspartame in adulthood: A systematic review and meta-analysis of randomized clinical trials. Critical Reviews in Food Science and Nutrition. 2017;58(12):2068-2081.
[4] Rogers P, Hogenkamp P, de Graaf C, Higgs S, Lluch A, Ness A et al. Does low-energy sweetener consumption affect energy intake and body weight? A systematic review, including meta-analyses, of the evidence from human and animal studies. International Journal of Obesity. 2015;40(3):381-394.

7 가르시니아, 효과가 있을까?

[1] B S Jena, G K Jayaprakasha, R P Singh, K K Sakariah. Chemistry and biochemistry of (-)-hydroxycitric acid from Garcinia. J Agric Food Chem. 2002 Jan 2;50(1):10-22.
[2] Ruchi Badoni Semwal, Deepak Kumar Semwal, Ilze Vermaak, Alvaro Viljoen. A comprehensive scientific overview of Garcinia cambogia. Fitoterapia. 2015 Apr;102:134-148.
[3] Alison Maunder, Erica Bessell, Romy Lauche, Jon Adams, Amanda Sainsbury, Nicholas R Fuller. Effectiveness of herbal medicines for weight loss: A systematic review and meta-analysis of randomized controlled trials. Diabetes Obes Metab. 2020 Jun;22(6):891-903.
[4] T Opala, P Rzymski, I Pischel, M Wilczak, J Wozniak. Efficacy of 12 weeks supplementation of a botanical extract-based weight loss formula on body weight, body composition and blood chemistry in

healthy, overweight subjects--a randomised double-blind placebo-controlled clinical trial. Eur J Med Res. 2006 Aug 30;11(8):343-350.
[5] https://www.foodsafetykorea.go.kr/portal/board/boardDetail.do. 식약처 건강기능식품 이상사례 신고 현황, 2020년 10월 기준.

PART 2 몸만들기 핵심, 단백질의 모든 것

1 단백질은 무조건 많이 먹는 게 좋을까?

[1] Robert W Morton, Kevin T Murphy, Sean R McKellar. A systematic review, meta-analysis and meta-regression of the effect of protein supplementation on resistance training-induced gains in muscle mass and strength in healthy adults. British J of sports medicine. 2018. vol 52-56.
[2] Phillips SM1, Van Loon LJ. Dietary protein for athletes: from requirements to optimum adaptation. J Sports Sci. 2011;29 Suppl 1:S29-38.
[3] Lindsay S. Macnaughton Sophie L. Wardle. The response of muscle protein synthesis following whole-body resistance exercise is greater following 40 g than 20 g of ingested whey protein. 2016. Physiological Reports Volume 4, Issue 15.
[4] Brad Jon Schoenfeld. How much protein can the body use in a single meal for muscle-building? Implications for daily protein distribution. Journal of the International Society of Sports Nutrition 201815:10
[5] F Bellisle, R McDevitt, A M Prentice . meal frequency and energy balance. Br J Nutr. 1997 Apr;77 Suppl 1:S57-70.
[6] Jameason D Cameron, Marie-Josée Cyr, Eric Doucet. Increased meal frequency does not promote greater weight loss in subjects who were prescribed an 8-week equi-energetic energy-restricted diet. Br J Nutr. 2010 Apr;103(8):1098-1101.

2 운동 후 30분 내에 단백질을 먹어야 할까?

[1] Hackney KJ, Bruenger AJ, Lemmer JT. Timing Protein Intake Increases Energy Expenditure 24 h after Resistance Training. Medicine & Science in Sports & Exercise. 2010;42(5):998-1003.
[2] Schoenfeld BJ, Aragon A, Wilborn C, Urbina SL, Hayward SE, Krieger J. Pre- versus post-exercise protein intake has similar effects on muscular adaptations. Peerj. 2017;5:e2825.
[3] Levenhagen DK, Gresham JD, Carlson MG, Maron DJ, Borel MJ, Flakoll PJ. Postexercise nutrient intake timing in humans is critical to recovery of leg glucose and protein. American Journal of Physiology. 2001;280(6):E982.
[4] Schoenfeld BJ, Aragon AA, Krieger JW. The effect of protein timing on muscle strength and hypertrophy: a meta-analysis. Journal Of The International Society Of Sports Nutrition. 2013;10(1):53.
[5] Kumar V, Atherton P, Smith K, Rennie MJ. Human muscle protein synthesis and breakdown during and after exercise. Journal Of Applied Physiology (Bethesda, Md: 1985). 2009;106(6):2026-2039.
[6] Areta JL, Burke LM, Ross ML, et al. Timing and distribution of protein ingestion during prolonged recovery from resistance exercise alters myofibrillar protein synthesis. The Journal Of Physiology. 2013;591(9):2319-2331.

3 채식주의자는 단백질을 충분하게 먹을 수 있을까?

[1] Wu G. (2009). Amino acids: metabolism, functions, and nutrition. Amino Acids, 37(1), 1-17. https://doi.org/10.1007/s00726-009-0269-0

[2] https://en.wikipedia.org/wiki/Amino_acid

[3] Tessari P, Lante A, & Mosca G. (2016). Essential amino acids: master regulators of nutrition and environmental footprint? Scientific Reports, 6, 26074.

[4] 정주영, 과학으로 먹는 3대 영양소, 전파과학사, 2017.

[5] Hoffman J. R, & Falvo M. J. (2004). Protein-Which is Best? Journal Of Sports Science & Medicine, 3(3), 118-130.

[6] Pawlak R, Lester S. E. & Babatunde T. (2014). The prevalence of cobalamin deficiency among vegetarians assessed by serum vitamin B12: a review of literature. European Journal Of Clinical Nutrition, 68(5), 541-548.

[7] Romagnoli E, Mascia M. L, Cipriani C. Fassino V, Mazzei F, D'Erasmo E, … Minisola S. (2008). Short and long-term variations in serum calciotropic hormones after a single very large dose of ergocalciferol (vitamin D2) or cholecalciferol (vitamin D3) in the elderly. The Journal Of Clinical Endocrinology And Metabolism, 93(8), 3015-3020.

[8] Gebauer S. K, Psota T. L, Harris W. S, & Kris-Etherton P. M. (2006). n-3 fatty acid dietary recommendations and food sources to achieve essentiality and cardiovascular benefits. The American Journal Of Clinical Nutrition, 83(6 Suppl), 1526S-1535S.

[9] Cotton P. A, Subar A. F, Friday J. E, & Cook A. (2004). Dietary sources of nutrients among US adults, 1994 to 1996. Journal Of The American Dietetic Association, 104(6), 921-930.

[10] Pan A, Sun Q, Bernstein A. M, Schulze M. B, Manson J. E, Stampfer M. J, … Hu F. B. (2012). Red meat consumption and mortality: results from 2 prospective cohort studies. Archives Of Internal Medicine, 172(7), 555-563.

[11] Niederberger, C. (2011). Re: soybean isoflavone exposure does not have feminizing effects on men: a critical examination of the clinical evidence. The Journal Of Urology, 185(1), 254.

[12] Wong M. C. Y, Emery P. W, Preedy V. R, & Wiseman H. (2008). Health benefits of isoflavones in functional foods? Proteomic and metabonomic advances. Inflammopharmacology, 16(5), 235-239.

[13] Phillips, S. M. (2012). Nutrient-rich meat proteins in offsetting age-related muscle loss. Meat Science, 92(3), 174-178.

[14] Yifan Yang, Churchward-Venne T. A, Burd N. A, Breen L, Tarnopolsky M. A. & Phillips, S. M. (2012). Myofibrillar protein synthesis following ingestion of soy protein isolate at rest and after resistance exercise in elderly men. Nutrition & Metabolism, 9(1), 57-65.

[15] van Loon, L. J. C. (2012). Leucine as a pharmaconutrient in health and disease. Current Opinion In Clinical Nutrition And Metabolic Care, 15(1), 71-77.

[16] Myofibrillar muscle protein synthesis rates subsequent to a meal in response to increasing doses of whey protein at rest and after resistance exercise. (2014). American Journal of Clinical Nutrition, 99(1), 86-95.

[17] Yifan Yang, Churchward-Venne T. A, Burd N. A, Breen L, Tarnopolsky M. A, & Phillips S. M. (2012). Myofibrillar protein synthesis following ingestion of soy protein isolate at rest and after resistance exercise in elderly men. Nutrition&Metabolism, 9(1), 57-65.

[18] Messina M. (2010). Soybean isoflavone exposure does not have feminizing effects on men: a critical examination of the clinical evidence. Fertility And Sterility, 93(7), 2095-2104.

[19] Chavarro J. E, Toth T. L, Sadio S. M, & Hauser R. (2008). Soy food and isoflavone intake in relation to

semen quality parameters among men from an infertility clinic. Human Reproduction (Oxford, England), 23(11), 2584-2590.
[20] Meta-analysis of nitrogen balance studies for estimating protein requirements in healthy adults. (2003). American Journal of Clinical Nutrition, 77(1), 109-127.
[21] Meta-analysis of the effects of soy protein containing isoflavones on the lipid profile. (2005). American Journal of Clinical Nutrition, 81(2), 397-408.
[22] Martinez J. & Lewi J. E. (2008). An unusual case of gynecomastia associated with soy product consumption. Endocrine Practice: Official Journal Of The American College Of Endocrinology And The American Association Of Clinical Endocrinologists, 14(4), 415-418.
[23] Anaka M, Fujimoto K, Chihara Y, Torimoto K, Yoneda T, Tanaka N, … Hirao, Y. (2009). Isoflavone supplements stimulated the production of serum equol and decreased the serum dihydrotestosterone levels in healthy male volunteers. Prostate Cancer & Prostatic Diseases, 12(3), 247-252.
[24] Isoflavone-rich soy protein isolate suppresses androgen receptor expression without altering estrogen receptor-beta expression or serum hormonal profiles in men at high risk of prostate cancer. (2007). Journal of Nutrition, 137(7), 1769-1775.
[25] Soy protein isolates of varying isoflavone content exert minor effects on serum reproductive hormones in healthy young men. (2005). Journal of Nutrition, 135(3), 584-591.
[26] Gardner-Thorpe D, O'Hagen C, Young I. & Lewis S. J. (2003). Dietary supplements of soya flour lower serum testosterone concentrations and improve markers of oxidative stress in men. European Journal of Clinical Nutrition, 57(1), 100.
[27] Higashi K, Abata S, Iwamoto N, Ogura M, Yamashita T, Ishikawa O, … Nakamura H. (2001). Effects of soy protein on levels of remnant-like particles cholesterol and vitamin E in healthy men. Journal Of Nutritional Science And Vitaminology, 47(4), 283-288.
[28] The Skeletal Muscle Anabolic Response to Plant-versus Animal-Based Protein Consumption. (2015). Journal of Nutrition, 145(9), 1981-1991.
[29] https://academic.oup.com/jn/article/130/7/1865S/4686203?searchresult=1

4 달걀을 하루에 한 개 이상 먹으면 성인병에 걸릴까?

[1] Zachary S, Elizabeth F, Mark K Egg consumption and heart health: A review. Nutrition. 2016 Dec;37:79-85.
[2] Maria F. Dietary cholesterol provided by eggs and plasma lipoproteins in healthy populations. Curr Opin Clin Nutr Metab Care. 2006 Feb;9(1):8-12.
[3] Samantha Berger, Gowri Raman, et al. Dietary cholesterol and cardiovascular disease: a systematic review and meta-analysis. Am J Clin Nutr. 2015 Aug;102(2):276-294.
[4] Lin X, Tai Hing L, Chao Qiang J et al. Egg consumption and the risk of cardiovascular disease and all-cause mortality: Guangzhou Biobank Cohort Study and meta-analyses. Eur J Nutr. 2019 Mar;58(2):785-796.
[5] Jiyoung J, Min-Jeong S, et al. Longitudinal association between egg consumption and the risk of cardiovascular disease: interaction with type 2 diabetes mellitus. Nutr Diabetes. 2018 Apr;8(20):1-9.
[6] Chee Jeong Kim, et al. 2015 Korean Guidelines for the Management of Dyslipidemia: Executive Summary. Korean Circ J. 2016 May; 46(3): 275-306.
[7] Jang Yel S, Pengcheng X, Yasuyouki N et al. Egg consumption in relation to risk of cardiovascular disease and diabetes: a systematic review and meta-analysis. Am J Clin Nutr. 2013;98:146-159.
[8] Mah E, Chen CO, Liska DJ. The effect of egg consumption on cardiometabolic health outcomes: an

umbrella review. Public Health Nutr. 2020 Apr;23(5):935-955.

[9] Evenepoel P, Geypens B, Luypaerts A et al. Digestibility of cooked and raw egg protein in humans as assessed by stable isotope techniques. J Nutr. 1998 Oct;128(10):1716-1722.

5 술을 마시면 근육량이 줄어들까?

[1] Alcohol: impact on sports performance and recovery in male athletes. Barnes MJ. Sports Med. 2014 Jul;44(7):909-919. doi: 10.1007/s40279-014-0192-8. Review.

[2] Alcohol ingestion impairs maximal post-exercise rates of myofibrillar protein synthesis following a single bout of concurrent training. Parr EB, Camera DM, Areta JL, Burke LM, Phillips SM, Hawley JA, Coffey VG. PLoS One. 2014 Feb 12;9(2):e88384. doi: 10.1371/journal.pone.0088384. eCollection 2014.

[3] A low dose of alcohol does not impact skeletal muscle performance after exercise-induced muscle damage. Barnes MJ, Mündel T, Stannard SR. Eur J Appl Physiol. 2011 Apr;111(4):725-729.

[4] Post-exercise alcohol ingestion exacerbates eccentric-exercise induced losses in performance. Barnes MJ, Mündel T, Stannard SR. Eur J Appl Physiol. 2010 Mar;108(5):1009-1014.

[5] Alcohol, athletic performance and recovery. Vella LD, Cameron-Smith D. Nutrients. 2010 Aug;2(8):781-789. doi: 10.3390/nu2080781. Epub 2010 Jul 27. Review.

[6] Molecular and cellular events in alcohol-induced muscle disease. Fernandez-Solà J, Preedy VR, Lang CH, Gonzalez-Reimers E, Arno M, Lin JC, Wiseman H, Zhou S, Emery PW, Nakahara T, Hashimoto K, Hirano M, Santolaria-Fernández F, González-Hernández T, Fatjó F, Sacanella E, Estruch R, Nicolás JM, Urbano-Márquez A. Alcohol Clin Exp Res. 2007 Dec;31(12):1953-1962. Review.

[7] Motor performance during and following acute alcohol intoxication in healthy non-alcoholic subjects. Poulsen MB, Jakobsen J, Aagaard NK, Andersen H. Eur J Appl Physiol. 2007 Nov;101(4):513-523. Epub 2007 Aug 24.

[8] The effect of moderate alcohol consumption on adiponectin oligomers and muscle oxidative capacity: a human intervention study. Beulens JW, van Loon LJ, Kok FJ, Pelsers M, Bobbert T, Spranger J, Helander A, Hendriks HF. Diabetologia. 2007 Jul;50(7):1388-1392. Epub 2007 May 11.

[9] ABCA1 expression in humans is associated with physical activity and alcohol consumption. Hoang A, Tefft C, Duffy SJ, Formosa M, Henstridge DC, Kingwell BA, Sviridov D. Atherosclerosis. 2008 Mar;197(1):197-203. Epub 2007 May 3.

[10] Molecular mechanisms responsible for alcohol-induced myopathy in skeletal muscle and heart. Lang CH, Frost RA, Summer AD, Vary TC. Int J Biochem Cell Biol. 2005 Oct;37(10):2180-2195. Review.

[11] Interaction between alcohol and exercise: physiological and haematological implications.El-Sayed MS, Ali N, El-Sayed Ali Z. Sports Med. 2005;35(3):257-69. Review.

[12] The importance of alcohol-induced muscle disease. Preedy VR, Ohlendieck K, Adachi J, Koll M, Sneddon A, Hunter R, Rajendram R, Mantle D, Peters TJ. J Muscle Res Cell Motil. 2003;24(1):55-63. Review.

[13] The insulin-sensitizing activity of moderate alcohol consumption may promote leanness in women. McCarty MF. Med Hypotheses. 2000 May;54(5):794-797.

[14] Alcohol and skeletal muscle disease. Preedy VR, Peters TJ. Alcohol Alcohol. 1990;25(2-3):177-187. Review.

[15] The effect of chronic alcohol ingestion on whole body and muscle protein synthesis--a stable isotope study. Pacy PJ, Preedy VR, Peters TJ, Read M, Halliday D. Alcohol Alcohol. 1991;26(5-6):505-513.

[16] Muscle damage produced by chronic alcohol consumption. Rubin E, Katz AM, Lieber CS, Stein EP,

Puszkin S. Am J Pathol. 1976 Jun;83(3):499-516.
[17] Alcohol-induced autophagy contributes to loss in skeletal muscle mass. Thapaliya S, Runkana A, McMullen MR, Nagy LE, McDonald C, Naga Prasad SV, Dasarathy S. Autophagy. 2014 Apr;10(4):677-690. doi: 10.4161/auto.27918. Epub 2014 Jan 31.
[18] Physiological basis of alcohol-induced skeletal muscle injury. Zinovyeva OE, Emelyanova AY, Samhaeva ND, Sheglova NS, Shenkman BS, Nemirovskaya TL. Fiziol Cheloveka. 2016 May-Jun;42(3):130-136. Review. Russian.
[19] The Development of Clinical and Morphological Manifestations of Chronic Alcoholic Myopathy in Men with Prolonged Alcohol Intoxication. Nemirovskaya TL, Shenkman BS, Zinovyeva oE, Kazantseva IuV, Samkhaeva ND. Fiziol Cheloveka. 2015 Nov-Dec;41(6):65-69. Russian.
[20] Impact of Alcohol on Glycemic Control and Insulin Action. Steiner JL, Crowell KT, Lang CH. Biomolecules. 2015 Sep 29;5(4):2223-2246. doi: 10.3390/biom5042223. Review.
[21] Dysregulation of skeletal muscle protein metabolism by alcohol. Steiner JL, Lang CH. Am J Physiol Endocrinol Metab. 2015 May 1;308(9):E699-712. doi: 10.1152/ajpendo.00006.2015. Epub 2015 Mar 10. Review.

PART 3 몸만들기 실전, 운동의 모든 것

1 근육 해부학을 알아두면 무엇이 좋을까?

[1] Mitchell, and Henry Gray. Gray's Anatomy for Students. Philadelphia: Elsevier/Churchill Livingstone, 2005.
[2] Netter FH, 원색 사람해부학, 범문에듀케이션, 2019.
[3] Drake RL. Gray's anatomy for students. 4th edition. Philadelphia, MO: Elsevier; 2019.

2 근육이 아파도 계속 운동해야 할까?

[1] http://hosp.ajoumc.or.kr/HealthInfo/DiseaseView.aspx?ai=1068&cp=2&sid=
[2] https://pubmed.ncbi.nlm.nih.gov/30537791/
[3] Marzilger R, Bohm S, Mersmann F, Arampatzis A. Effects of Lengthening Velocity During Eccentric Training on Vastus Lateralis Muscle Hypertrophy. Front Physiol. 2019 Jul 31;10:957. doi: 10.3389/fphys.2019.00957. eCollection 2019.
[4] Ünlü G, Çevikol C, Melekoğlu T. Comparison of the Effects of Eccentric, Concentric, and Eccentric-Concentric Isotonic Resistance Training at Two Velocities on Strength and Muscle Hypertrophy. J Strength Cond Res. 2019 Feb 18. doi: 10.1519/JSC.0000000000003086.
[5] Farthing JP, Chilibeck PD. The effects of eccentric and concentric training at different velocities on muscle hypertrophy. Eur J Appl Physiol. 2003 Aug;89(6):578-586. Epub 2003 May 17.
[6] Schoenfeld BJ, Ogborn DI, Vigotsky AD, Franchi MV, Krieger JW. Hypertrophic Effects of Concentric vs. Eccentric Muscle Actions: A Systematic Review and Meta-analysis. J Strength Cond Res. 2017 Sep;31(9):2599-2608. doi: 10.1519/JSC.0000000000001983.
[7] Martino V. Franchi, Neil D. Reeves and Marco V. Narici. Skeletal Muscle Remodeling in Response to Eccentric vs. Concentric Loading: Morphological, Molecular, and Metabolic Adaptations.

[8] Schoenfeld BJ1, Ogborn DI, Krieger JW. Effect of repetition duration during resistance training on muscle hypertrophy: a systematic review and meta-analysis. Sports Med. 2015 Apr;45(4):577-585. doi: 10.1007/s40279-015-0304-0.

[9] James A. Schwane, PhD, Bruce G. Watrous, MS, Scarlet R. Johnson, BS & Robert B. Armstrong. Is Lactic Acid Related to Delayed-Onset Muscle Soreness? Pages 124-131 | Published online: 11 Jul 2016.

[10] Cheung K1, Hume P, Maxwell L. Delayed onset muscle soreness : treatment strategies and performance factors. Sports Med. 2003;33(2):145-164.

[11] Ernst E1. Does post-exercise massage treatment reduce delayed onset muscle soreness? A systematic review. Br J Sports Med. 1998 Sep;32(3):212-214.

[12] Nicholas Henschke, C Christine Lin. Stretching before or after exercise does not reduce delayed-onset muscle soreness.

3 인터벌 트레이닝은 무조건 효과가 있을까?

[1] John R. Speakman, Colin Selman. Physical activity and resting metabolic rate. Volume 62, Issue 3 August 2003 , pp.621-634.

[2] Schuenke MD, Mikat RP, McBride JM. Effect of an acute period of resistance exercise on excess post-exercise oxygen consumption: implications for body mass management. Eur J Appl Physiol. 2002 Mar;86(5):411-417. Epub 2002 Jan 29.

[3] Greer BK, Sirithienthad P, Moffatt RJ, Marcello RT, Panton LB. EPOC Comparison Between Isocaloric Bouts of Steady-State Aerobic, Intermittent Aerobic, and Resistance Training. Res Q Exerc Sport. 2015 Jun;86(2):190-195. doi: 10.1080/02701367.2014.999190. Epub 2015 Feb 12.

[4] LaForgia J, Withers RT, Gore CJ. Effects of exercise intensity and duration on the excess post-exercise oxygen consumption. J Sports Sci. 2006 Dec;24(12):1247-1264.

[5] Baker Emily J.; Gleeson Todd T. (1998). "EPOC and the energetics of brief locomotor activity in Mus domesticus". The Journal of Experimental Zoology. 280 (2): 114-120.

[6] Valstad SA, von Heimburg E, Welde B, van den Tillaar R. Comparison of Long and Short High-Intensity Interval Exercise Bouts on Running Performance, Physiological and Perceptual Responses. Sports Med Int Open. 2017 Dec 18;2(1):E20-E27.

[7] Schaun GZ, Alberton CL, Ribeiro DO , Pinto SS. Acute effects of high-intensity interval training and moderate-intensity continuous training sessions on cardiorespiratory parameters in healthy young men. Eur J Appl Physiol. 2017 Jul;117(7):1437-1444.

[8] Tremblay A, Simoneau JA, Bouchard C. Impact of exercise intensity on body fatness and skeletal muscle metabolism. Metabolism. 1994 Jul;43(7):814-818.

[9] Talanian, Jason L.; Galloway, Stuart D. R.; Heigenhauser, George J. F.; Bonen, Arend; Spriet, Lawrence L. (April 2007). "Two weeks of high-intensity aerobic interval training increases the capacity for fat oxidation during exercise in women". Journal of Applied Physiology. 102 (4): 1439-1447.

[10] Mi Hyun Lee, Han Ju Ahn, Hyo Jin Lee. Accuracy of Age-Based Maximal Heart Rate Prediction Equations. 한국체육측정평가학회지. Vol.17 No.2 [2015]. 99-109.

[11] Tabata, Izumi; Nishimura, Kouji; Kouzaki, Motoki; Hirai, Yuusuke; Ogita, Futoshi; Miyachi, Motohiko; Yamamoto, Kaoru (1996). "Effects of moderate-intensity endurance and high-intensity intermittent training on anaerobic capacity and VO2max" (PDF). Medicine & Science in Sports & Exercise. 28 (10): 1327-1330.

4 프리웨이트 운동이 머신 운동보다 좋을까?

[1] Roundtable Discussion: Machines Versus Free Weights

[2] A Comparison of Free Weight Squat to Smith Machine Squat Using Electromyography

[3] A Comparison of Muscle Activation Between a Smith Machine and Free Weight Bench Press

[4] Progression Models in Resistance Training for Healthy Adults

[5] www.delevanlibrary.com/squats-with-a-barbell-how-to-do-it-right/

[6] www.t-nation.com/training/the-100-rep-leg-press

[7] www.t-nation.com/training/tip-3-new-pull-up-challenges

[8] www.lifefitness.com/en-us/order-parts

[9] www.muscletech.com/training/add-50-pounds-bench-press/

[10] www.gymguider.com/advanced-bench-press-program/

[11] www.coachmag.co.uk/exercises/back-exercises/177/bent-over-row

[12] www.panattasport.com/en/product/1HP508.html

[13]www.quickanddirtytips.com/health-fitness/exercise/how-to-use-weight-lifting-machines

[14] teachmeanatomy.info/the-basics/anatomical-terminology/planes/

[15]www.mensjournal.com/health-fitness/hit-muscles-from-head-to-toe-with-this-45-minute-cable-pulley-circuit/

5 운동으로 테스토스테론 수치를 높일 수 있을까?

[1] Vingren J. L, Kraemer W. J, Ratamess N. A, Anderson J. M, Volek J. S. & Maresh C. M. (2010). Testosterone physiology in resistance exercise and training: the up-stream regulatory elements. Sports Medicine (Auckland, N.Z.), 40(12), 1037-1053.

[2] Steeves J. A, Fitzhugh E. C, Bradwin G, McGlynn K. A, Platz E. A, & Joshu C. E. (2016). Cross-sectional association between physical activity and serum testosterone levels in US men: results from NHANES 1999-2004. Andrology, 4(3), 465-472.

[3] Hackney A. C, Premo M. C, & McMurray R. G. (1995). Influence of aerobic versus anaerobic exercise on the relationship between reproductive hormones in men. Journal Of Sports Sciences, 13(4), 305-311.

[4] Kraemer W. J, Häkkinen K, Newton R. U, McCormick M, Nindl B. C, Volek J. S, … Evans W. J. (1998). Acute hormonal responses to heavy resistance exercise in younger and older men. European Journal Of Applied Physiology And Occupational Physiology, 77(3), 206-211.

[5] Hawkins V. N, Karen Foster-Schubert, Chubak J, Sorensen B, Ulrtch C. M, Stancyzk F. Z, … McTiernan A. (2008). Effect of Exercise on Serum Sex Hormones in Men: A 12-Month Randomized Clinical Trial. Medicine & Science in Sports & Exercise, 40(2), 223-233.

[6] LINNAMO V, PAKARINEN A, KOMI P. V, KRAEMER W. J. & HÄKKINEN K. (2005). Acute Hormonal Responses to Submaximal and Maximal Heavy Resistance and Explosive Exercises in Men and Women. Journal of Strength & Conditioning Research, 19(3), 566-571.

[7] Yarrow J. F, Borsa P. A, Borst S. E, Sitren H. S, Stevens B. R. & White L. J. (2007). Neuroendocrine responses to an acute bout of eccentric-enhanced resistance exercise. Medicine And Science In Sports And Exercise, 39(6), 941-947.

[8] ILIAS SMILIOS. (2003). Hormonal Responses after Various Resistance Exercise Protocols. Medicine & Science in Sports & Exercise, 35(4), 644-654.

[9] Migiano M. J, Vingren J. L, Volek J. S, Maresh C. M, Fragala M. S, Ho, J.-Y, … Kraemer W. J. (2010).

Endocrine response patterns to acute unilateral and bilateral resistance exercise in men. Journal Of Strength And Conditioning Research, 24(1), 128-134.
[10] Ratamess N. A, Kraemer W. J, Volek J. S, Maresh C. M, VanHeest J. L, Sharman M. J, … Deschenes M. R. (2005). Androgen receptor content following heavy resistance exercise in men. Journal of Steroid Biochemistry & Molecular Biology, 93(1), 35-42.
[11] Kvorning T, Andersen M, Brixen K, Schjerling P, Suetta C, & Madsen K. (2007). Suppression of testosterone does not blunt mRNA expression of myoD, myogenin, IGF, myostatin or androgen receptor post strength training in humans. Journal of Physiology, 578(2), 579-593.

6 운동 전 커피, 마시면 좋을까?

[1] Tarnopolsky M. Caffeine and Creatine Use in Sport. Annals of Nutrition and Metabolism. 2010;57(s2):1-8.
[2] Davis J, Green J. Caffeine and Anaerobic Performance. Sports Medicine. 2009;39(10):813-832.
[3] Trexler E, Roelofs E, Hirsch K, Mock M, Smith-Ryan A. Effects of coffee and caffeine anhydrous on strength and sprint performance. Journal of the International Society of Sports Nutrition. 2015;12(S1).
[4] Grgic J, Grgic I, Pickering C, Schoenfeld B, Bishop D, Pedisic Z. Wake up and smell the coffee: caffeine supplementation and exercise performance—an umbrella review of 21 published meta-analyses. British Journal of Sports Medicine. 2019;:bjsports-2018-100278.
[5] Southward K, Rutherfurd-Markwick K, Ali A. Correction to: The Effect of Acute Caffeine Ingestion on Endurance Performance: A Systematic Review and Meta-Analysis. Sports Medicine. 2018;48(10):2425-2441.
[6] Glaister M, Gissane C. The Effects Of Caffeine On Physiological Responses To Submaximal Exercise. Medicine & Science in Sports & Exercise. 2016;48:976.
[7] Christensen PM, Shirai Y, Ritz C, et al. Caffeine and bicarbonate for speed. a meta-analysis of legal supplements potential for improving intense endurance exercise performance. Front Physiol. 2017;8:240.
[8] Conger SA, Warren GL, Hardy MA, et al. Does caffeine added to carbohydrate
provide additional ergogenic benefit for endurance? Int J Sport Nutr Exerc Metab. 2011;21:71-84.

7 허벅지 운동을 하면 허벅지 살이 빠질까?

[1] PALUMBO A, GUERRA E, ORLANDI C, BAZZUCCHI I, SACCHETTI M. Effect of combined resistance and endurance exercise training on regional fat loss. The Journal of Sports Medicine and Physical Fitness. 2017;57(6):794-801.
[2] Stallknecht B, Dela F, Helge J. Are blood flow and lipolysis in subcutaneous adipose tissue influenced by contractions in adjacent muscles in humans?. American Journal of Physiology-Endocrinology and Metabolism. 2007;292(2):E394-E399.
[3] KOSTEK M, PESCATELLO L, SEIP R, ANGELOPOULOS T, CLARKSON P, GORDON P et al. Subcutaneous Fat Alterations Resulting from an Upper-Body Resistance Training Program. Medicine & Science in Sports & Exercise. 2007;39(7):1177-1185.
[4] Ramírez-Campillo R, Andrade D, Campos-Jara C, Henríquez-Olguín C, Alvarez-Lepín C, Izquierdo M. Regional Fat Changes Induced by Localized Muscle Endurance Resistance Training. Journal of Strength and Conditioning Research. 2013;27(8):2219-2224.
[5] Hansen D, Meeusen R, Mullens A, Dendale P. Effect of Acute Endurance and Resistance Exercise on Endocrine Hormones Directly Related to Lipolysis and Skeletal Muscle Protein Synthesis in Adult Individuals with Obesity. Sports Medicine. 2012;42(5):415-431.

[6] Goto K, Ishii N, Kizuka T, Takamatsu K. The impact of metabolic stress on hormonal responses and muscular adaptations. Med Sci Sports Exerc 2005;37:955-63.
[7] Odland L, Heigenhauser G, Wong D, Hollidge-Horvat M, Spriet L. Effects of increased fat availability on fat-carbohydrate interaction during prolonged exercise in men. American Journal of Physiology-Regulatory, Integrative and Comparative Physiology. 1998;274(4):R894-R902.

8 복부운동에 허리 통증은 숙명일까?

[1] Mitchell, and Henry Gray. Gray's Anatomy for Students. Philadelphia: Elsevier/Churchill Livingstone, 2005.
[2] Langevin HM, Stevens-Tuttle D, Fox JR, Badger GJ, Bouffard NA, Krag MH: Ultrasound evidence of altered lumbar connective tissue structure in human subjects with chronic low back pain. In Fascia research ii. Edited by Huijing PA, Hollander AP, Findley T, Schleip R. Elsevier, Munich; 2009
[3] Sajko S, Stuber K. Psoas Major: a case report and review of its anatomy, biomechanics, and clinical implications. J Can Chiropr Assoc. 2009;53(4):311–318.
[4] In-Cheol J, Effect of psoas major pre-activation on electromyographic activity of abdominal muscles and pelvic rotation during active leg raising. J Phys. Ther. Sci. Vol. 30, No 10. 2018.
[5] Fatemi, Rouholah, Marziyeh Javid, and Ebrahim Moslehi Najafabadi. "Effects of William training on lumbosacral muscles function, lumbar curve and pain." Journal of back and musculoskeletal rehabilitation 2015; 28.3: 591-597.
[6] Norris CM. Abdominal muscle training in sport. Br J Sports Med. 1993;27(1):19–27. doi:10.1136/bjsm.27.1.19
[7] Cai C, Yang Y, Kong PW. Comparison of Lower Limb and Back Exercises for Runners with Chronic Low Back Pain. Med Sci Sports Exerc. 2017 Dec;49(12):2374-2384.
[8] Rafael F Escamilla, et al. Electromyographic analysis of traditional and nontraditional abdominal exercises: implications for rehabilitation and training. Phys Ther. 2006 May;86(5):656-671.
[9] Calatayud J, et al. Tolerability and Muscle Activity of Core Muscle Exercises in Chronic Low-back Pain. Int J Environ Res Public Health. 2019 09 20;16(19):E3509.
[10] I M Elnaggar, et al. Effects of spinal flexion and extension exercises on low-back pain and spinal mobility in chronic mechanical low-back pain patients. Spine (Phila Pa 1976). 1991 Aug;16(8):967-972.
[11] de Oliveira NTB, Ricci NA, Dos Santos Franco YR, Salvador EMES, Almeida ICB, Cabral CMN. Effectiveness of the Pilates method versus aerobic exercises in the treatment of older adults with chronic low back pain: a randomized controlled trial protocol. BMC Musculoskelet Disord. 2019 May 24;20(1):250.
[12] Lin H-T, et al. Effects of Pilates on patients with chronic non-specific low back pain: a systematic review. J Phys Ther Sci. 2016;28(10):2961–2969.

9 공복에 운동하면 살이 더 잘 빠질까?

[1] Ferreira GA et al. Braz J Med Biol Res. Effect of pre-exercise carbohydrate availability on fat oxidation and energy expenditure after a high-intensity exercise. Braz J Med Biol Res. 2018; 51(5): e6964.
[2] Vieira AF et al. Br J Nutr. Effects of aerobic exercise performed in fasted v. fed state on fat and carbohydrate metabolism in adults: a systematic review and meta-analysis. Br J Nutr. 2016 Oct;116(7):1153-1164.
[3] Chua MT, et al. Effects of Pre-Exercise High and Low Glycaemic Meal on Intermittent Sprint and

Endurance Exercise Performance. Sports (Basel). 2019 Aug;7(8). 188.
[4] Paul D, Jacobs KA, Geor RJ, Hinchcliff KW. No effect of pre-exercise meal on substrate metabolism and time trial performance during intense endurance exercise. Int J Sport Nutr Exerc Metab. 2003 Dec;13(4):489-503.
[5] Brad Jon Schoenfeld,corresponding author Alan Albert Aragon, Colin D Wilborn, James W Krieger, and Gul T Sonmez. Body composition changes associated with fasted versus non-fasted aerobic exercise. J Int Soc Sports Nutr. 2014 Nov 18.
[6] Galloway SD, Lott MJ, Toulouse LC. Preexercise carbohydrate feeding and high-intensity exercise capacity: effects of timing of intake and carbohydrate concentration. Int J Sport Nutr Exerc Metab. 2014;24:258-266.
[7] Aird TP1, Davies RW1, Carson BP1,2. Effects of fasted vs fed-state exercise on performance and post-exercise metabolism: A systematic review and meta-analysis. Scand J Med Sci Sports. 2018 May;28.
[8] Yamanaka Y, Hashimoto S, Takasu N. N, Tanahashi Y, Nishide S.-Y, Honma S, & Honma K.-I. Morning and evening physical exercise differentially regulate the autonomic nervous system during nocturnal sleep in humans. Am J Physiol Regul Integr Comp Physiol. 2015 Nov 1;309(9):R1112-1121.

PART 4 몸만들기 끝, 관리의 모든 것

1 요요가 와도 살을 다시 빼면 그만일까?

[1] Blomain ES, Dirhan DA, Valentino MA, Kim GW, Waldmann SA. Mechanisms of Weight Regain following Weight Loss. ISRN Obes. 2013Apr16;
[2] PS ML, JA H, ED G, VD S, MR J. The role for adipose tissue in weight regain after weight loss. Obes Rev. 2015Feb;
[3] Skurk T, Alberti-Huber C, Herder C, Hauner H. Relationship between Adipocyte Size and Adipokine Expression and Secretion. The Journal of Clinical Endocrinology &Metabolism. 2007;923:1023–1033.
[4] Löfgren P, Andersson I, Adolfsson B, Leijonhufvud B-M, Hertel K, Hoffstedt J, et al. Long-Term Prospective and Controlled Studies Demonstrate Adipose Tissue Hypercellularity and Relative Leptin Deficiency in the Postobese State. The Journal of Clinical Endocrinology &Metabolism. 2005;9011:6207–6213.
[5] LB S, GA B, SW C, E D, JA G. Glucose metabolism and the response to insulin by human adipose tissue in spontaneous and experimental obesity. Effects of dietary composition and adipose cell size. J Clin Invest. 1974Mar;848-856
[6] Acquired Lipodystrophy. NORD (National Organization for Rare Disorders). 2019Jul26.: hyyp://rarediseases.org/rare-diseases/acquired-lipodystrophy/
[7] Kunath A, Klöting N. Adipocyte biology and obesity-mediated adipose tissue remodeling. Obesity Medicine. 2016;4:15–20.

2 살이 잘 찌는 체질이 따로 있을까?

[1] Robert P. Blueprint: How DNA makes us who we are. Allen Lane; 2018. pp. 17-31
[2] Dubois L, et al. Genetic and Environmental Contributions to Weight, Height, and BMI from Birth to 19

Years of Age: An International Study of Over 12,000 Twin Pairs. PLoS ONE. 2012;7(2):e30153.
[3] Xiang L, et al. FTO genotype and weight loss in diet and lifestyle interventions: a systematic review and meta-analysis. The American Journal of Clinical Nutrition. 2016;103(4):1162-1170.
[4] Koeppen-Schomerus G, Wardle J, Plomin R. A genetic analysis of weight and overweight in 4-year-old twin pairs. International Journal of Obesity. 2001;25(6):838-844.
[5] Eric Stice, et al. The contribution of brain reward circuits to the obesity epidemic. Neurosci Biobehav Rev. 2013 Nov: 37(0)
[6] Blanca M Herrera, et al. The genetics of obesity. Curr Diab Rep. 2010 Dec;10(6):498-505.
[7] Philippe Gérard. Gut microbiota and obesity. Cell Mol Life Sci. 2016 Jan;73(1):147-162.
[8] Peter J Turnbaugh, et al. An obesity-associated gut microbiome with increased capacity for energy harvest. Nature. 2006 Dec 21;444(7122):1027-1031.
[9] Manimozhiyan Arumugam, et al. Enterotypes of the human gut microbiome. Nature. 2011 May 12;473(7346):174-180.

3 다이어트 중 치팅데이를 가져도 괜찮을까?

[1] Trexler ET, Smith-Ryan AE et al. Metabolic adaptation to weight loss: implications for the athlete. J Int Soc Sports Nutr. 2014 Feb 27;11(1):7.
[2] Chin-Chance C et al. Twenty-four-hour leptin levels respond to cumulative short-term energy imbalance and predict subsequent intake. J Clin Endocrinol Metab. 2000 Aug;85(8):2685-2691.
[3] Jenkins AB et al. Carbohydrate intake and short-term regulation of leptin in humans. Diabetologia. 1997 Feb;40:348-351.
[4] Davoodi SH, Ajami M, Ayatollahi SA et al. Calorie shifting diet versus calorie restriction diet: a comparative clinical trial study. Int J Prev Med. 2014 Apr;5(4):447-456.
[5] Klok MD et al. The role of leptin and ghrelin in the regulation of food intake and body weight in humans: a review. Obes Rev. 2007 Jan;8(1):21-34.
[6] Sinha MK et al. Evidence of free and bound leptin in human circulation: studies in lean and obese subjects and during short-term fasting. J Clin Invest. 1996 Sep 15; 98(6): 1277–1282.
[7] Weigle DS et al. Effect of Fasting, Refeeding and Dietary Fat Restriction on Plasma Leptin Levels. J Clin Endocrinol Metab. 1997 Feb;82(2):561-565.
[8] Spiegel K et al. Leptin levels are dependent on sleep duration: relationships with sympathovagal balance, carbohydrate regulation, cortisol and thyrotropin. J Clin Endocrinol Metab. 2004 Nov;89(11):5762-5771.
[9] Horton TJ et al. Fat and carbohydrate overfeeding in humans: different effects on energy storage.Am J Clin Nutr. 1995 Jul;62(1):19-29.
[10] Havel PJ et al. High-fat meals reduce 24-h circulating leptin concentrations in women. Diabetes. 1999 Feb;48(2):334-341.
[11] Hisham M Mehanna, et al. Refeeding syndrome: what it is, and how to prevent and treat it. BMJ. 2008 Jun 28; 336(7659): 1495-1498.

4 운동을 쉬면 근육이 사라질까?

[1] Skovgaard C, Almquist N, Bangsbo J. The effect of repeated periods of speed endurance training on performance, running economy, and muscle adaptations. Scandinavian Journal of Medicine & Science in Sports. 2017;28(2):381-390.

[2] Sharples A, Stewart C, Seaborne R. Does skeletal muscle have an 'epi'-memory? The role of epigenetics in nutritional programming, metabolic disease, aging and exercise. Aging Cell. 2016;15(4):603-616.
[3] Gundersen K. Muscle memory and a new cellular model for muscle atrophy and hypertrophy. The Journal of Experimental Biology. 2016;219(2):235-242.
[4] Sharples A, Polydorou I, Hughes D, Owens D, Hughes T, Stewart C. Skeletal muscle cells possess a 'memory' of acute early life TNF-α exposure: role of epigenetic adaptation. Biogerontology. 2015;17(3):603-617.
[5] Bruusgaard J, Johansen I, Egner I, Rana Z, Gundersen K. Myonuclei acquired by overload exercise precede hypertrophy and are not lost on detraining. Proceedings of the National Academy of Sciences. 2010;107(34):15111-15116.
[6] Gundersen K, Bruusgaard J, Egner I, Eftestøl E, Bengtsen M. Muscle memory: virtues of your youth?. The Journal of Physiology. 2018;596(18):4289-4290.
[7] Seaborne R, Strauss J, Cocks M, Shepherd S, O'Brien T, van Someren K et al. Human Skeletal Muscle Possesses an Epigenetic Memory of Hypertrophy. Scientific Reports. 2018;8(1).

다이어트 뇌피셜과 가짜뉴스를 과학으로 깨부수는
의대생들의 신개념 헬스 리터러시

몸만들기 처방전

1판 1쇄 발행 | 2022년 8월 10일
1판 3쇄 발행 | 2023년 4월 28일

지은이 | 연세대학교 의과대학 ARMS
감수 | 박윤길
펴낸이 | 박남주
편집자 | 박지연
펴낸곳 | 플루토
출판등록 | 2014년 9월 11일 제2014－61호
주소 | 10881 경기도 파주시 문발로 119 모퉁이돌 3층 304호
전화 | 070－4234－5134
팩스 | 0303－3441－5134
전자우편 | theplutobooker@gmail.com

ISBN 979-11-88569-37-3 03470